U0917789

混合服务模式背景下
出租车系统参与主体行为研究

白　竹　胡晓伟　王　健　著

人民交通出版社股份有限公司
China Communications Press Co.,Ltd.

内 容 提 要

本书将参与主体行为研究对象，分析多种服务模式共存情况下出租车系统各参与主体行为及其对出租车报务的影响。在阐述出租车功能及定位的基础上，研究参与主体的层次划分以及利益关系，分析乘客出行方式选择行为、驾驶员服务模式以及路径选择行为，为研究出租车定价策略和系统供需均衡模型提供理论依据；分析出租车公司服务模式运营行为和资源投入运营行为，为研究出租车公司绩效评价及改善模型提供依据；分析政府实施的各种监管策略，为研究政府监管行为以及多参与主体行为的相互影响作铺垫。

本书可供行业管理决策人员、交通运输规划与管理专业本科生和硕士生以及高校相关专业的教师等学习和参考。

图书在版编目(CIP)数据

混合服务模式背景下出租车系统参与主体行为研究/白竹，胡晓伟，王健著. —北京：人民交通出版社股份有限公司，2019.2

ISBN 978-7-114-15272-6

Ⅰ.①混… Ⅱ.①白…②胡…③王… Ⅲ.①出租汽车—旅客运输—交通运输管理—研究—中国 Ⅳ.①F572.7

中国版本图书馆 CIP 数据核字(2018)第 294269 号

书　　名：**混合服务模式背景下出租车系统参与主体行为研究**
著 作 者：白　竹　胡晓伟　王　健
责任编辑：徐　菲
责任校对：赵媛媛
责任印制：张　凯
出版发行：人民交通出版社股份有限公司
地　　址：(100011)北京市朝阳区安定门外外馆斜街 3 号
网　　址：http://www.ccpress.com.cn
销售电话：(010)59757973
总 经 销：人民交通出版社股份有限公司发行部
经　　销：各地新华书店
印　　刷：北京虎彩文化传播有限公司
开　　本：787×1092　1/16
印　　张：8.75
字　　数：206 千
版　　次：2019 年 2 月　第 1 版
印　　次：2019 年 2 月　第 1 次印刷
书　　号：ISBN 978-7-114-15272-6
定　　价：29.00 元

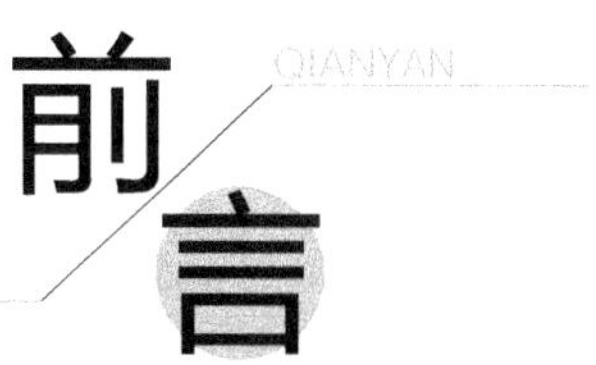

前言

在城市化进程加快的节奏下，人们对生活质量要求的提高使交通工具的发展越来越多元化和个性化。出租车能够提供方便、快捷和灵活的服务，成为城市公共交通出行方式的重要组成部分。通常，出租车是在政府监管的市场环境下由承包人负责运营，由驾驶员负责提供运输服务，某些情况下承包人也可能兼为驾驶员。一直以来，驾驶员都是在道路上一边行驶一边寻找乘客，一旦发现目标乘客，出租车立即停车，等待乘客上车后开始提供运输服务，在出租车市场中称为巡游服务模式。这种模式经常出现搜索时间长却很难找到乘客的现象，而且驾驶员工作时间长却难以得到较高的经济收入。与此同时，乘客也会经常反映出租车的服务水平较低，致使乘客的等车时间较长。在城市路网中，出租车供需之间的严重不匹配使出租车市场出现了很多难以调和的矛盾。

与此同时，伴随着新兴技术的快速发展，尤其是全球卫星定位系统（Global Positioning System，GPS）在民用定位领域的发展，为出租车行业的重大变革带来了机遇。新技术在出租车领域的广泛应用，实现了出租车供需之间一对一的匹配。乘客可以事先打电话给调度中心，说明当前所在位置和目的地，调度中心通过实施相应的派遣策略为驾驶员派发需求订单，需求和响应都需要通过调度中心的参与和安排才能完成预约用车的服务。在此过程中，乘客不必在道路上等待出租车，驾驶员也会因服务目标是确定的而避免漫无目的的巡游。多种服务模式的出现，不仅为乘客带来便捷的乘车体验，为驾驶员带来获取高收入的机会，也使出租车系统进入高效率的运营状态。

在此背景下，乘客、驾驶员、出租车公司和管理部门等各参与主体的行为和利益关系将会影响出租车系统的整体状态。如何分析这些参与主体的行为对出租车系统带来的影响，成为一个亟待解决的问题。

作者结合所承担的科研项目[辽宁省自然科学基金项目“大数据背景下网约车对居民出行方式选择的影响研究”（20180550013）和国家自然科学基金项目“‘互联网+’下出租汽车市场运营管理与优化研究”（71603063）]，在广泛阅读国内外现有成果的基础上，总结和提炼有关科研成果，对混合服务模式背景下出租车系统参与主体行为影响相关问题进行了研究。本书以混合服务模式为研究背景，以交通规划理论、数据包络分析技术和演化博弈理论为基础，研究了出行者行为对系统均衡状态、运营者行为对系统资源投入产出状态、政府监管行为对系统运营状态等方面产生的影响。这些成果可在一定程度上提高出租车系统管理者的管理效率和系统的运营效率。

在项目研究和本书的撰写过程中,崔娜、孙广林、王泽、刘明夺、孙锋、王玮、董洪进等做了大量的工作,作者对此表示衷心的感谢。

由于时间仓促,而且出租车系统所涉及的因素较多,加之作者学识水平有限,书中难免有诸多不足之处,敬请各位读者批评指正。

作　者

2018 年 12 月

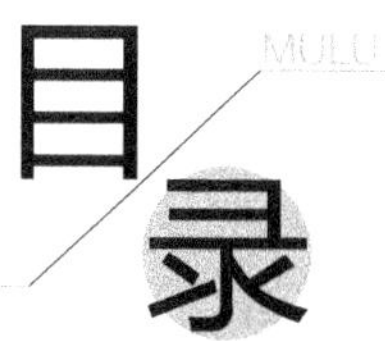

第 1 章　绪论 ………………………………………………………… 1
1.1　选题背景 ………………………………………………………… 1
1.2　研究的目的和意义 ……………………………………………… 2
1.3　主要研究内容 …………………………………………………… 3
1.4　研究方法 ………………………………………………………… 4
第 2 章　研究现状综述 ………………………………………………… 5
2.1　国外研究现状 …………………………………………………… 5
2.2　国内研究现状 …………………………………………………… 9
2.3　国内外研究现状评述 …………………………………………… 12
2.4　本章小结 ………………………………………………………… 12
第 3 章　出租车系统运营信息分析 …………………………………… 13
3.1　出租车拥有量信息分析 ………………………………………… 13
3.2　出租车运营状态分析 …………………………………………… 13
3.3　出租车公司运营状态分析 ……………………………………… 16
3.4　本章小结 ………………………………………………………… 17
第 4 章　出租车系统参与主体界定与利益关系分析 ………………… 18
4.1　出租车系统功能及定位 ………………………………………… 18
4.2　参与主体界定及其关系分析 …………………………………… 19
4.3　出行者出行特征分析 …………………………………………… 20
4.4　出租车公司运营特征分析 ……………………………………… 20
4.5　政府管理特征分析 ……………………………………………… 21
4.6　本章小结 ………………………………………………………… 22
第 5 章　基于出行者行为影响的出租车系统供需均衡研究 ………… 23
5.1　供需均衡理论适用性分析 ……………………………………… 23
5.2　问题分析与描述 ………………………………………………… 24
5.3　出租车供需均衡模型 …………………………………………… 27
5.4　出租车供需均衡模型求解 ……………………………………… 32

5.5 出租车供需均衡模型算法设计 …… 35
5.6 出租车供需均衡模型算例研究 …… 36
5.7 实证研究 …… 39
5.8 本章小结 …… 46
第6章 基于数据包络分析(DEA)的出租车公司运营效率评价 …… 48
6.1 数据包络分析理论适用性分析 …… 48
6.2 问题分析与描述 …… 49
6.3 考虑运营行为影响的出租车公司绩效评价模型 …… 50
6.4 出租车公司绩效评价与分析 …… 54
6.5 出租车公司绩效改善与分析 …… 58
6.6 实证研究 …… 63
6.7 本章小结 …… 73
第7章 基于政府监管行为影响的出租车系统定价策略研究 …… 74
7.1 双层规划理论适用性分析 …… 74
7.2 问题分析与描述 …… 75
7.3 出租车系统定价模型 …… 76
7.4 出租车系统定价模型求解算法 …… 79
7.5 出租车系统定价模型算例研究 …… 81
7.6 本章小结 …… 85
第8章 基于多参与主体行为影响的混合服务模式选择演化博弈分析 …… 86
8.1 混合服务模式博弈分析 …… 86
8.2 演化博弈论适用性分析 …… 88
8.3 问题分析与描述 …… 89
8.4 混合服务模式选择演化博弈模型 …… 90
8.5 算例研究 …… 94
8.6 实证研究 …… 105
8.7 本章小结 …… 113
第9章 基于多参与主体行为影响的订单服务模式选择演化博弈分析 …… 114
9.1 概述 …… 114
9.2 问题分析与描述 …… 115
9.3 订单服务模式选择演化博弈模型 …… 116
9.4 算例研究 …… 119
9.5 灵敏度分析 …… 122
9.6 本章小结 …… 123
附录 …… 125
参考文献 …… 131

第1章 绪论

1.1 选题背景

近年来,在出租车行业中,全国多地出现了较多的驾驶员罢运事件。如2015年年初,沈阳、青岛、南京和济南等多地出现出租车罢运事件,这些罢运事件的主要原因是定额承包的驾驶员得不到合理的收入,除需要承担燃油费和维修费等日常费用外,还需要向特许经营的出租车公司上交"份子钱"。而出租车公司的经营状况,尤其是财务收支状况,始终未向社会公布,致使"份子钱"问题成为出租车行业长久以来难以解决的诟病。这些罢运事件背后还有一个深层次原因,即是出租车行业中长久以来存在的非法营运问题。非法营运问题影响了行业的正常经营秩序,在与出租车驾驶员竞争抢客过程中损害驾驶员的合法利益,而且因得不到正规的管理和约束,也损害着乘客的利益。此外,在互联网+时代背景下,接入打车软件平台的出租车驾驶员改变原有的经营方式,提高了与乘客对接的成功率。然而,部分驾驶员在利益的驱使下,"议价"接单,挑客和拒载现象时有发生,不但损害乘客的利益,降低出租车的服务质量,更改变了出租车在公共交通体系中的功能定位。这些问题不仅表明出租车行业涉及的多个利益主体之间的矛盾正在逐渐激化,而且也表明出租车行业多年来一直缺乏行之有效的运营管理策略。2015年1月,交通运输部印发的《关于全面深化交通运输改革的意见》将出租车行业改革作为重大问题提出。可见,寻找切实可行的解决办法,改善出租车行业的当前现状,已成为出租车领域亟待解决的主要问题。

近年来,移动互联网技术的飞跃发展为出租车驾驶员和乘客之间的自动匹配带来了更大的发展空间,基于打车软件的约租车模式迅速占领人们的生活。这种服务模式是指经由打车软件平台的帮助来实现服务车辆和乘客之间的成功对接,既提高了两者的匹配概率,又提升了出租车的服务水平。接入打车软件平台并承担约租车服务的车辆可以是出租车,也可以是私家车。在本书的研究中,约租车模式是指基于打车软件的出租车服务模式。在发展过程中,由于约租车模式完全由市场需求触发,是市场经济体制的产物,必不可免地出现了较多问题。2015年这一年间,出租车改革和基于打车软件平台的约租车监管问题一度引起了全民参与的广泛热议。2015年11月10日交通运输部《关于深化改革进一步推进出租汽车行业健康发展的指导意见(征求意见稿)》和《网络预约出租汽车经营服务管理暂行办法(征求意见稿)》社会公开征求意见工作结束。争论的焦点主要围绕互联网+时代背景下出租车定位、约租车模式是否纳入出租车管理、出租车行业管制、约租车车辆以及驾驶员准入条件等内容展开。2016年3月22日,住房城乡建设部和公安部宣布废止《城市出租汽车管理办法》,至此执行18年之久的出租车行业法规正式废止。这部法规的废止象征着出租车行业管理中多年来存在的政出多门、无序管理的状态即将结束。交通运输部承担相应的管理职能,"份子钱""特许经营权"以及"网络约租模式"等诸多问题都将逐步得以完善。可见,探讨行业发展新背景下的出租车问题,尤其是包含巡游、电召、约租车等混合模式背景下的诸多问题,丰富出租车领域的科学理论,对提高出租车行业的服务质量具有重要的现实意义。

此外,大量出租车驾驶员在道路网中巡游搜索乘客,往往会导致道路资源的浪费和城市交通拥堵的频繁发生。在这种情况下,一方面驾驶员空驶率较高,另一方面无效巡游往往也因车辆尾气排放加剧了大气污染。《国家中长期科学和技术发展规划纲要(2006—2020年)》中明确指出,我国的交通能源消耗与环境污染问题十分严峻,并提出主要任务就是解决交通能耗与污染、交通安全、大城市交通拥堵三大热点问题。出租车行业的日常运营与这三大热点问题均密切相关,它们将成为未来管理的重要目标。因此,从科学管理和有效运营的角度研究出租车系统的问题,符合交通领域未来发展的需要,具有重要的现实意义和实践价值。

1.2 研究的目的和意义

作为公共交通出行方式的重要组成部分,出租车提供了灵活便捷的个性化运输服务。近年来伴随交通需求的日益旺盛,出租车行业得到了快速发展的契机。然而,出租车行业在发展的同时,也累积了大量的问题。尽管前人对出租车领域已有深入的研究并形成较多的研究成果,但针对混合服务模式背景研究各参与主体行为对出租车服务影响的还较少,以致行业对参与主体行为特征的认识不足。因此,开展混合服务模式下出租车系统参与主体行为对出租车服务的影响分析,对丰富城市出租车领域的研究具有重要的实际应用价值。

1.2.1 理论目的和意义

(1)在混合服务模式背景下,分析出行者方式选择行为,讨论不同方式交通需求的变化规律。与此同时,分析出租车驾驶员的路径选择行为和服务模式选择行为,讨论不同服务模式交通供给的变化规律。在此基础上,构建出租车供需均衡模型,揭示出行者选择行为和驾驶员选择行为对出租车服务的影响机理。

(2)在混合服务模式背景下,分析出租车公司的运营策略决策行为,构建出租车公司的绩效评价和改善模型,揭示运营者行为对出租车公司资源利用效率的影响机理。

(3)在混合服务模式背景下,分析政府的监督管理行为,构建出租车系统定价模型,揭示政府管理行为对出租车系统运营状态的影响机理。

(4)以出行者行为和出租车公司行为作研究基础,构建混合服务模式选择的演化博弈模型和订单服务模式选择的演化博弈模型,揭示多主体行为对出租车系统运营服务的影响机理。

1.2.2 实践目的和意义

(1)本书运用系统工程学的思想,从系统和要素之间的关系角度,分析出行者、出租车公司和政府三个参与主体及其相互关系,综合地反映出租车的运营状态和服务状态,还可以提供考虑多种管理和运营手段结合的出租车政策。在此基础上,本书构建的出租车供需均衡模型、出租车公司绩效评价体系和出租车服务模式演化分析方法,对于丰富城市出租车领域的实践应用能够提供有价值的帮助。

(2)本书将交通行为学理论作为研究的基础,分析出租车系统出行者出行方式选择行为、驾驶员路径选择行为和服务模式选择行为、出租车公司的运营策略选择行为以及政府的监督管理行为等,为行为科学领域的应用提供有意义的参考。

(3)本书对基于车载GPS的出租车公司运营数据进行统计分析和信息挖掘,提取出租车公司的运营信息,用于构建数据包络分析模型。这不仅可以为数据挖掘在交通领域的应用提供有益的参考,还可以为各类交通系统提供基于实时数据进行绩效评价的有益平台。

1.3 主要研究内容

本书将混合服务模式背景下出租车系统参与主体行为作为研究对象。城市出租车系统的参与主体包括出行者、运营者和管理者等三个层次主体。其中,出行者行为的研究对象是乘客出行方式选择行为、驾驶员服务模式选择行为和驾驶员出行路径选择行为;运营者行为的研究对象是出租车公司服务模式运营行为和资源投入运营行为;管理者行为的研究对象是政府的监督管理行为。各参与主体行为对系统的影响体现为:出行者行为对出租车系统的供需均衡状态产生影响;运营者行为对出租车公司的资源利用效率产生影响;政府监管行为对出租车系统运营状态产生影响;多参与主体行为对混合服务模式选择的稳定策略产生影响;多参与主体行为对订单服务模式选择的稳定策略产生影响。这三类参与主体行为影响的分析均是处于混合服务模式背景下研究的。

混合服务模式是指在出租车系统中,存在巡游、电召和约租车等多种服务模式,以供乘客自由选择。其中,单独研究各参与主体行为影响时考虑的混合服务模式主要包括巡游和电召模式,研究多个参与主体行为影响时考虑的混合服务模式主要包括电召和约租车模式。

基于此,本书的主要研究内容如下:

(1)出租车系统参与主体界定与利益关系分析。以系统工程学思想为指导,将出租车系统划分为三个不同层次的参与主体,分析彼此之间的利益关系。分别分析出租车系统中出行者的选择行为、驾驶员的选择行为、出租车公司的运营行为以及政府的监督管理行为。进一步地,将阐述各参与主体行为影响研究的理论基础,主要包括供需均衡理论在出行者行为分析中的适用性、数据包络分析方法在出租车公司行为分析中的适用性以及演化博弈论在多参与主体行为分析中的适用性。

(2)基于出行者行为影响的出租车系统供需均衡研究。在混合服务模式背景下,运用期望效用函数构建出行者的广义出行费用,根据乘客的出行方式选择特征采用巢式Logit模型分析出行方式的分担情况,揭示交通需求的变化规律。运用Logit模型分析驾驶员的搜索行为和服务模式的选择行为,揭示交通供给的变化规律。与此同时,建立乘客等待时间与出租车搜索时间之间的关系模型。在此基础上,构建等价的数学规划模型,设计供需均衡模型的求解算法，通过算例分析不同运营指标的变化，揭示出租车供给和需求的变化规律。

(3)基于数据包络分析(DEA)的出租车公司运营效率评价。在混合服务模式背景下，分析出租车公司的运营策略选择行为，构建基于DEA方法的绩效评价模型。根据出租车公司的数据集合特征，构建决策单元，据此设计绩效评价的指标体系，并选择以输入为导向的模型和交叉效率模型对出租车公司的绩效作评价。运用绩效指标值评判出租车公司运营行为的决策效果，反映公司投入资源在出租车市场的产出状态。而后，运用标杆学习理论和DEA模型对出租车公司的绩效提出定量的改善建议，并对改善效果作验证分析。

(4)基于政府监管行为影响的出租车系统定价策略研究。在混合服务模式背景下，分析出租车系统供需均衡特征和政府监管行为特征，构建基于交通规划理论的双层数学规划模型。在数学规划模型中，下层问题是一个用户平衡模型，用以描述出租车在路网中运行的特征；上层问题是实现出租车系统社会福利最大化模型，用以描述政府管理出租车系统的行为特征。上下层模型之间通过交通流量参数实现连接和传递。在此基础上，设计双层定价模型的求解算法，通过算例分析定价策略，揭示政府定价行为的特征和规律。

(5)基于多参与主体行为影响的混合服务模式和订单服务模式演化博弈分析。在政府监管的研究背景下，以乘客出行方式选择行为和出租车公司运营行为为研究对象，构建基于两种群演化博弈方法的混合服务模式选择模型以及订单服务模式选择模型，以此描述多参与主体行为对演化博弈策略的影响。应用复制动态方程分析系统的局部稳定性特征，并根据雅可比矩阵讨论演化稳定策略存在的条件，分析收益矩阵参数的变化对演化稳定策略的影响，分别通过算例分析和实证研究给出该模型的演化路径和演化速度，进而揭示多主体行为对出租车服务(混合服务模式和订单服务模式)的影响机理。

1.4 研究方法

本书的研究方法如下：

(1)交通分配方法。基于随机型用户均衡的交通分配方法，建立出租车系统、巡游模式子系统、电召模式子系统各自的供需均衡关系，将用户出行效益最优作为目标，构建交通分布与交通分配联合的随机用户均衡模型，分析出行者行为对出租车服务的影响。

(2)DEA方法和标杆学习方法。基于DEA方法的建模思想，确定出租车公司绩效评价的决策单元和指标体系，分别选择用于综合绩效、纯技术绩效和规模绩效评价的DEA模型，运用标杆学习方法提供绩效的定量改善建议，进而采用相应的DEA模型对绩效改善效果作验证。

(3)演化博弈理论。基于演化博弈理论的建模思想，提出混合服务模式选择的博弈策略，分析在政府行为的影响下出租车公司和乘客的行动策略以及收益，构建混合服务模式选择演化博弈模型，通过复制动态方程分析系统的局部稳定性条件，讨论多个参与主体行为对演化进程和演化稳定策略的影响。

第2章 研究现状综述

从系统工程学角度，本书将出租车系统的参与者划分为出行者、出租车公司和政府三个层次的研究主体。其中，出行者主要研究内容既包括对乘客行为的研究，又包括对提供出租车运输服务的驾驶员的研究；出租车公司是指为提高企业自身的运营效益，实施各种运营策略的出租车公司；政府是指为出租车系统制定各种政策，具有管理和监督出租车市场的管理部门。基于此，本节将从出行者、出租车公司和政府三个层次出发，分别对各层次的主体行为及其对出租车服务的影响进行综述。

2.1 国外研究现状

2.1.1 出行者行为的影响分析

提供出租车并运送乘客到达目的地的服务是由出租车驾驶员完成的，出租车驾驶员在路网行驶过程中不仅需要作路径选择，也需要对出租车系统提供的各种服务模式作出选择。对于乘客而言，只需要对出行方式作出选择决策。因此，本书将乘客和驾驶员的选择行为均作为出行者行为研究的对象。

出租车驾驶员路径选择的目标与出租车的运营状态有关。当出租车处于载客状态时，驾驶员通常会选择广义出行成本最小的路径。当出租车处于空驶状态时，驾驶员的路径选择行为较难描述和模拟。Hu 等提出了一个可以模拟空驶出租车驾驶员的路径选择行为的动态规划模型。此模型刻画车辆处于交叉口如何作路径选择的行为，并且假定驾驶员将期望搜索时间最小作为选择目标。

在运送乘客到达目的地后，空驶出租车驾驶员往往至少有两种选择：①在该小区附近道路上巡游搜索下一个乘客；②移动至某个出租车候车点等候下一个乘客。这些聚合的选择行为往往影响着道路的拥挤程度、路边的空气质量以及出租车候车点的利用率等。如果偏好于在候车点等候的驾驶员越多，意味着空驶巡游的出租车就会越少，这对于空气质量和道路拥挤的改善都是有益的。因此，理解空驶出租车驾驶员对不同服务模式的选择偏好也具有实际意义。直到 Kitamura 等出现，才有相关研究描述空驶出租车驾驶员的选择行为偏好问题。Kitamura 等采用 GPS 数据研究了一个单一层次的离散选择模型，描述驾驶员的服务模式选择行为偏好。遗憾的是，由于 GPS 数据的局限性，这个模型并没有考虑乘客数量、候车点排队的空车数量、候车点区域、道路拥挤程度以及离开候车点后的期望乘客搜索距离等影响因素。这些因素都会对驾驶员选择巡游还是选择停留在候车点搜索下一个乘客的行为产生较大的影响。

当前的新技术能够实现将乘客需求与单独的出租车驾驶员相互匹配的功能。Massow等研究了单独的出租车驾驶员如何对电召策略和乘客等待时间作出响应的问题。作者阐述了新技术利用的可能性,检验了在选定的电召协议下驾驶员支持的策略。出租车公司的运营目的是使乘客等待时间的最大值尽可能减小,才会减小损失乘客的风险,也才会提高乘客再次打电话预约服务的可能性。研究表明当前的电召策略运营效果并不好,需要采取措施改善系统的运营性能,达到缩小乘客等待时间最大值的目的。Massow 等还利用电召策略模型预测了出租车驾驶员的选择行为,结论表明与驾驶员的实际行为调查结果一致。另外,在一些高需求点的中心小区中,应该增加某些刺激因素来诱使驾驶员移动至此处等待乘客,而对于有二次排队的候车点则最好创建超级小区,以减少小区边界线等待的可能。这是第一个明确提出单个驾驶员对电召策略作出响应和对乘客等待时间影响作研究的文献。Shi 等研究了一个乘客与出租车双向匹配系统的优化问题。优化的目标是社会福利和出租车市场的资源分配。分析了出租车乘客是否加入系统的策略选择行为,通过最大化社会福利目标的实现获得最优的出租车缓冲规模。在此基础上,提出了一种平衡乘客与出租车之间利益的策略。

2.1.2 出租车公司行为的影响分析

近年来,伴随着互联网、车联网以及各种新技术日新月异的发展,越来越多的运营模式和运营策略不断被引入出租车领域,改变了传统的出行方式,也提高了出租车的服务质量。在这个过程中,为提高乘客的满意度并改善系统的整体绩效,出租车公司常常紧跟出租车行业发展变化的步伐,在政府的监督和管控下,采用各种新方法和新技术,实施各种运营策略。从目前的研究成果看,出租车公司广泛采用的运营策略主要有巡游服务策略和电召服务策略。

在出租车系统中,多数成果都是以巡游模式作为基本的运营环境来研究的。Flath 指出在准入政策管制下,空驶出租车的平均数量一般会设定在给定的有效价格水平下,出租车市场的运营政策主要围绕巡游出租车实施。Skok 等对不同城市的出租车运营策略做了对比分析,以此定量化地确定监管和运营策略的最优方案。作者围绕如何为电召出租车和巡游出租车提供创新性的改革方案提出了相应的建议。Chien 等对出租车价格结构和服务频次作了优化研究,目的是实现出租车系统效益最大化目标。虽然研究对象是巡游出租车,但是也提到电召出租车对改善出租车供给和需求匹配的效率和效益所具有的价值。Kim 等指出,在巡游出租车市场环境中,假定乘客到达服从泊松分布并且乘客到达率较低时,实施出租车价格增量折扣政策将使出租车公司获益。Chang 等在巡游出租车运营的市场环境中采用线性需求函数分析了出租车空驶率、出租车价格以及补贴之间的关系,并且以社会支付意愿最大化作优化目标分析了三者之间的关系。Christoforou 等采用显示偏好出行调查方法获得巡游出租车的运行数据,分析了出租车出行时间的规律以及影响因素。研究结果表明在用户居住区域中高人口密度与长距离出行相关性较强,低收入出行者一般都是使用出租车完成短途出行。

在巡游服务模式中,出租车驾驶员可以根据实际情况采取合乘策略提供服务。合乘出行不但可以减少运送乘客的车辆数量,也可以提高车内容量的利用率,为生活环境提供有益的改善效果。在实际运营中,动态合乘策略的主要目的是将有相似出行安排的乘客一起送达目的地,其核心在于运用有效的最优化技术来保证驾驶员和乘客之间能够及时匹配。Agatz 等定义了动态合乘问题,强调指出合乘策略实施的技术手段正在面临挑战,并总结了该领域的经典模型。指出优化问题是动态合乘领域的核心,如何获得快速可靠的优化方法和形成激励方案有待进一步研究。Li 等为乘客与货物共乘的出租车系统设计了出行共享模型和货物插入模型以及相应的求解算法。研究结论表明出租车公司的利润与货物的接受率之间需要权衡,分析乘客需求的空间分布特征有利于动态地改善合乘运营状态。Hosni 等探讨如何利用整数规划模型解决出租车的合乘问题,使用拉格朗日函数作模型转换,并运用启发式算法获得模型的可行解,进而验证方法的有效性。

在出租车系统中,电召服务模式通常包括普通电召服务模式和机场出租车电召服务模式两类。Horn 认为在一次出租车出行中允许多个乘客合乘会降低车辆的运营里程,但也可能会增加乘客的个人出行时间。作者建议采用软件来管理基于需求响应的出租车车队,基本思想是以成本最小化为目标,将新的出行需求不断地分配给在途的出租车,然后定期运用相应的改善措施。Lee 等以实时的交通环境为背景提出了一种出租车电召服务的系统框架,目标是提高乘客的满意度。Lee 等研究了大城市电话预约出租车服务与快速公交服务整合的问题。作者研究了一种能够对交通需求进行自动响应的动态系统,并可以将交通需求实时地分配给在途的出租车。而后,考虑乘客等待时间、运行时间、满意的交通需求数量以及系统成本等要素来确定最佳出租车数量。Seow 等提出了一个合作电召运营策略,目的是提高出租车乘客的满意度,这个系统能够在相同地理区域内向多名乘客同时电召多辆出租车。Lee 等提出了一个利用智能手机改善运营效益的出租车模型。Li 等研究了对交通需求自动响应的出租车系统的运营性能,并证明了在乘客密度较低时这种系统的性能比预约反馈系统更好。Sheridan 等研究了一种动态的最近相邻电召策略,用于为乘客提供服务的车队或者出租车。乘客可以电话预约叫车,每次每辆车为一个乘客提供服务。这些乘客均匀地分布在服务区域内,且有着不同的独立的出发点和目的地。最近相邻策略可以在乘客需求量较大的环境中提供服务,也可以用于交通子区的优化选择。当其他车辆的距离更近或者新的乘客电话预约叫车时,原本在途的车辆也可以被要求改变方向并被重新分配路线,由此这种策略始终保持着乘客与车辆的匹配模式在地理位置上是最近的。He 等研究了基于互联网打车软件的电召模式应用的影响。在政府监管的出租车市场中,作者提出了一个既考虑供需均衡关系又描述供需双方选择的空间均衡模型,证明了供需均衡解的存在,又给出了一个考虑弹性需求的拓展均衡模型,利用算例分析比较了基于互联网打车软件的电召模式和普通电召模式之间的区别。

除了在城市道路中为乘客提供运输服务,出租车也是一种基本的机场交通出行方式。有效的机场出租车规划研究能够提高机场出行的乘客满意度,有利于快速疏散不断增加的机场乘客流量。Conway 等探讨了在出租车需求较高的机场实施中心式电召策略存在的问题和面临的困难。文献对纽约市肯尼迪国际机场出租车运营现状做了深入研究。采用数据调查和与机场工作人员面对面交流的方式获得了驾驶员和乘客的现状。进一步对肯尼迪机场和其他采用中心式电召策略的大流量机场作了运营方面的比较和分析,研究结论阐明了乘客需求和出租车供给之间关系的特征,确定了出租车电召策略的实施流程和无效运营管理的根源,并建议了解决供需不均衡的方法。Costa 等提出了一种用于提高机场地面交通服务水平的模型,它为机场提供了定量分析出租车运营的工具。基于此方法,机场管理人员还可以完善出租车接客地点的设计并对运营中出现缺陷的环节加以改善。Wong 等利用机场实际数据分析出租车运营现状,提出了建议措施和出租车运营规划方法,以此更好地提高机场出租车乘客的满意度。

2.1.3 政府行为的影响分析

在大多数城市中,出租车系统都是受政府监管约束的,政府的决策行为主要体现为监管策略的制定和实施。政府监管策略通常由经济性策略和社会性策略构成。前者一般包括价格监管、数量监管和准入监管;后者一般包括安全、环保和服务质量等监管策略。在出租车系统中,政府实施的监管策略主要包括价格监管和准入监管策略。价格监管大多采用固定一个最大价格并通过制定价格结构的方式来控制出租车价格,而准入监管大多采用限制出租车牌照数量的方式来实施。

一般采用两类方法研究政府的监管策略。第一类方法重在理论分析,它主要解决的是出租车系统如何运营,并从经济学角度分析产出结果是否有效以及判断监管策略实施是否必要。代表性研究人员主要有 Beesley 等、Cairns 等和 Arnott。其中,Beesley 等研究了不同的市场类型及其特征,分析了政府监管的重要因素及其特点,研究结论表明要想得到较大的弹性值,需要对出租车系统实施监管。Cairns 等分析了垄断型市场中出租车系统如何实现社会最优和社会次优。研究表明当出租车的利用率处于最优状态时,出租车公司的利润为零。此外,为了使系统的供给和需求达到均衡状态,实施价格监管策略是必要的,但是如果出租车价格监管和数量监管同时实施,出租车系统实现的是次优状态。Arnott 运用传统的经济学方法分析了出租车系统实现社会最优时出租车的影子成本,由此建议出租车系统实施补贴政策。作者利用结构模型探讨了二维城市空间中心式电召服务问题和出租车乘客的均匀分布问题。研究结论表明出租车系统实施补贴政策是有必要的,而且只有出租车为载客状态时其影子成本才可以抵消。

第二类方法重在实证研究。为更好地理解监管策略,文献的实证部分都讨论了受政府监管约束下出租车系统的运营问题。在这方面研究中,经济学家们主要分析了价格监管和准入监管对不同结构和服务组织形式的影响效果,并尝试着评估了实施与解除政府监管的对比效果。Douglas 是出租车系统研究领域最早探讨政府监管策略的文献。出租车系统特点是驾驶员采用巡游模式提供服务,并实施价格监管策略。研究结论表明在交通需求小于最大值情况下,出租车系统会出现最大收益,此时供需均衡状态的特征是社会福利是有效的但却不符合实际。Beesley 和 Hackner 等研究了实施监管策略对规模经济、系统外部性和社会福利等方面所产生的影响效果。Çetin 等对政府监管策略进行了实证分析,首次经由模型定量化结果探讨了准入监管策略对出租车市场牌照价格的影响效果。Bacache-Beauvalle 等将出租车牌照价值模拟为政府设置的牌照配额利润，模拟了不同公共政策的影响情境，并运用法国地区实际数据估计了模型参数。研究表明牌照的价值随着牌照数量的增加呈现递减趋势，但却随着城市人口数量和财富的增加则呈现递增趋势。Çetin 等分析了在出租车系统中政府实施监管策略的经济效果。文献采用结构断裂的共整合模型测试了监管策略是否会提高管制商品的价格或者导致垄断价格形成的假设，并对纽约市出租车系统作了检验。研究表明政府监管策略的实施提高了牌照价格，而牌照价格的提高也对出租车价格带来了一定压力。

Marell 等、Barrett 、Fernandez 等、Schaller 和 OECD 等分别探讨了解除政府监管策略对市场结构、出租车价格和出租车服务质量等方面的影响。其中，Fernandez 等研究了巡游服务模式的特征，证明解除政府监管的出租车系统可以出现唯一的均衡状态，并且均衡状态出现在垄断型市场中。研究表明与价格监管相比，准入监管往往是多余的，如若两者同时实施将会导致市场环境变得更差。研究认为，由于社会次优与自由市场均衡之间的差别需依据具体的市场情况来确定，所以出租车系统是否需要实施政府监管，应该视具体情况而定。Schaller 运用美国和加拿大实例说明了自由进入出租车市场会导致服务水平下降，主要原因是驾驶员只为实现自身利益最大化才提供服务的。

2.2　国内研究现状

2.2.1　出行者行为的影响分析

在驾驶员选择行为的现有研究中，以 Logit 模型为基础的搜索模型应用最为广泛，其假设条件是驾驶员要么尝试最小化搜索时间，要么尝试最大化感知利润。在这方面研究中，香港科技大学的杨海教授及其团队成员近年来发表了一系列研究成果，对出租车领域的发展和模型的实际应用起到了很好的推动作用。

Wong 等研究了出租车驾驶员的搜索行为。当描述出租车作搜索目的地选择时，该研究为驾驶员做了一次出行的预期利润的假设，设计了基于路网结构的出租车模型。Wong 等研究了路网中出租车和乘客的随机宏观搜索行为，检验了搜索与相遇的双边互动关系。其中，宏观的双边搜索行为采用吸收马尔科夫链的方法来刻画。Sirisoma 等运用偏好法(Stated Preference, SP)采集驾驶员信息，运用实证研究验证了模型的有效性并对驾驶员的搜索偏好作灵敏度分析。出租车市场调查主要分析了驾驶员的经验、年龄、婚姻状况和其他运营特征对其搜索行为产生的影响。Wong 等和 Szeto 等拓展其研究，以来自 460 辆出租车的 GPS 数据为基础，运用 MNL 模型预测不同时段驾驶员的区域选择行为。研究结果表明在早晚高峰期间乘客需求较大时，大约 80% 的驾驶员表示愿意在当前交通小区内巡游搜索乘客，但是在其他时段他们则更愿意去向交通需求较高的其他区域。Wong 等采用连续 Logit 模型模拟在途中小区发现乘客的空驶出租车的选择行为。Wong 等仍采用连续 Logit 模型研究一种能够模拟空驶出租车在候车点搜索乘客的选择行为偏好的模型。结论表明出行距离、道路拥挤程度以及等车乘客的数量都是驾驶员作决策的影响因素。

日常运营中,路边等待的乘客越多就意味着附近出租车候车点的利用率越低,也就意味着有更多的巡游出租车取代了候车点等待的出租车,导致市场出现低效运营的状态,也更加剧了道路的拥挤程度。在这种情况下,不仅了解驾驶员的选择行为偏好是很重要的,也要考虑乘客寻找出租车的选择行为,即考虑驾驶员—乘客双边选择行为将更有助于提高出租车系统优化策略的实施效果。Yang 等分别考虑了出租车和乘客之间的搜索阻力、模型的均衡特征以及交通拥挤带来的影响。然而,这些模型的基本假设尚未得到验证。Wong 等提出了一个描述乘客对巡游出租车的选择偏好的离散模型,确定了乘客选择最近候车点等车这一决策行为的影响因素,并运用实际数据对离散模型作检验。基于 SP 问卷结果,作者运用 MNL 模型分析了乘客对巡游出租车的选择偏好,运用巢式 Logit 模型对 MNL 模型的独立性作检验。在杨海教授课题组的系列成果中,出行者选择行为的研究可以总结如下:①搜索行为的研究对象主要包括空驶出租车驾驶员和出租车乘客;②搜索行为的描述模型主要采用 MNL 模型和连续 Logit 模型;③通过 SP 问卷调查和车载 GPS 数据来检验模型。

国内其他学者对出行者行为影响问题也作了大量研究,并取得了较多成果。Ji-hua 等提出一个分层路径规划方法,研究了如何利用出租车驾驶员的经验实现路径规划的问题。慕晨等分析了由出租车和乘客构成的特殊结构排队系统的特征,采用离散事件仿真技术模拟了空驶出租车搜索乘客的行为。张绍阳等从出行者角度提出了出租车服务水平评价体系,并建立各层次对应的指标,然后将出租车服务过程抽象为排队模型并提出了指标的计算方法。曹祎分析了利用打车软件搜索乘客的空驶出租车驾驶员的搜索行为,指明与巡游行为之间的区别。

2.2.2 出租车公司行为的影响分析

在巡游服务模式中,出租车驾驶员为提高服务效率,经常根据实际情况采取合乘策略提供运输服务。合乘策略的实施也有助于减少出租车公司的运营成本,节约道路资源,减少车辆巡游对城市环境带来的负面影响。刘彦蕊等分析出租车合乘模式的相关理论,然后依据帕累托效率改进原则,为小型交通运输工具提出了智能合乘帕累托改进计价模型。程杰等建立以出行者与驾驶员利益为优化目标的多对多模式的动态出租车合乘模型,采用遗传算法求解模型并给出了合乘策略实施前后的利益对比分析结论。肖强等运用模糊数学理论研究了合乘模糊识别问题。在隶属度函数构建过程中,考虑运行路线、合乘人数和行程时间等影响因素。其中,出租车的运行路线采用模糊聚类方法研究。

近年来,伴随着基于打车软件的租车模式的盛行,出租车电召服务模式也发生了较大变化,国内一些学者对此展开研究。王一帆分析了第三方打车软件的市场现状,运用系统工程方法分析了影响打车软件使用积极性的影响因素,并运用演化博弈模型对基于打车软件的出租车服务模式进行优化研究。王家川构建手机打车软件订单数据处理模型,揭示出租车的时空分布特性,并根据手机打车软件服务模式与出租车行业管理指标的对比分析,提出一种手机打车软件评价方法并进行效果验证。

2.2.3 政府行为的影响分析

在以往的出租车监管策略研究中，对出租车系统大多采用传统的经济学分析方法研究。由于出租车是在城市路网中运行来为乘客提供服务的，因此考虑将路网的空间结构与经济学意义的出租车市场相结合，更能切合实际地描述出租车系统的运营状况并更好地反映其供给和需求关系的本质特征。

Yang 等研究了一个受政府监管约束的出租车模型，将路网空间结构与出租车搜索行为相结合，刻画了空驶和载客出租车在路网中搜索乘客的行为。在此基础上，利用该模型得到供需均衡状态下出租车系统的多项性能指标。杨海教授课题组的后续研究成果对这个模型作了进一步的改善和拓展，改进的内容主要围绕道路拥挤影响效果、多种用户类别、多种出租车服务模式、用户层次模式的选择、日常学习过程、随机行程时间、出租车搜索乘客的行为描述以及出租车服务的非线性定价等方面作研究。

Wong 等在考虑弹性需求背景下，采用双层数学规划模型描述交通拥挤对出租车系统产生的影响。其中，上层模型构建的目标是保证出租车和乘客等待时间的关系以及乘客需求与出租车供给的关系成立，下层模型是采用传统的出行分布与交通分配联合的数学模型，并讨论了拥挤路网中出租车系统运营指标的特征。Yang 等采用香港城市实测数据，研究在自由竞争和垄断都存在的出租车市场中，实施价格和准入监管策略，研究基于路网空间结构的出租车供需均衡模型，进一步获取服务水平和出租车利用率等性能指标。Yang 等检验了拥挤外部性对出租车供需均衡和监管策略的影响。采用基于距离和基于延误的价格结构，分析模型的垄断解、稳定的竞争解和社会最优解。Wong 等考虑多用户类别和用户层次模式选择等要素，进一步拓展了拥挤路网中出租车系统的研究。为检验出租车系统采用非线性价格结构的经济政策的效果，Yang 等采用驾驶员的感知利润研究了出租车模型。针对香港市出租车系统，采用非线性价格结构研究定价的影响效果，并分析社会福利、利润获取以及出租车搜索时间和乘客等待时间等指标的灵敏度变化情况。Yang 等将出租车与乘客双边搜索关系和拥挤外部性等因素加入出租车市场均衡特征分析中来。采用基于距离和基于延误的价格结构研究拥挤外部性。讨论了诸如出租车价格和数量规模等变量对市场的静态影响，然后分析了社会福利最大化和出租车公司利润最大化两种情况下 Pareto 有效解的特征。

国内其他学者在政府行为影响的研究方面也取得了较多成果。罗清和等采用博弈论研究了专车存在情况下政府监管策略的制定问题，得到的结论是仅采用质量监管策略是最有利于出租车市场发展的策略，并给政府提出了质量监管的具体建议。张少博等采用特征价格定价方法研究了出租车价格优化问题，并通过实证案例验证了定价模型的效果。边扬等研究了出租车网络的运营特性和驾驶员的路径选择行为特征，以固定需求为研究背景，探讨了基于路网结构的出租车供需平衡关系。罗端高针对混合交通网络中较少考虑出租车运营影响的问题，研究了出租车作为多种交通方式之一的网络均衡配流、停车收费政策和出行需求分布对出租车运营网络平衡的影响等问题。杨英俊针对出租车管理中存在的问题，提出了出租车运力投放模型、基于特征价格理论的出租车定价方法以及基于遗传算法的出租车电召运营策略。祝进城研究了城市混合出行模式下出租车拥挤收费问题，考虑诸如公交车模式和出租车服务时间等因素的影响,进一步研究基于拥挤收费的出租车公司的收益问题。

2.3 国内外研究现状评述

从国内外研究现状可见,研究学者从不同角度和多个层次对城市出租车系统研究并取得了一系列成果。现有成果表明城市出租车系统的研究已经从单一的系统整体逐渐向系统参与主体多个层次转变。研究内容也从多个角度体现了出租车参与主体的行为特征。但现有成果仍然存在着以下不足之处:

(1)现有成果对出行者行为影响的研究中,较少地考虑乘客对混合服务模式的选择行为,较少地考虑混合服务模式背景下出租车驾驶员的搜索行为,使出行者行为影响研究存在局限性。因此,考虑混合服务模式背景,分析出行者选择行为和驾驶员搜索行为对出租车供需关系的影响机理,有助于清晰地理解不同运营环境下出租车系统的发展变化规律。

(2)现有成果对出租车公司行为影响的研究中,缺乏针对出租车公司的绩效进行评价,缺乏直接面向运营数据深入挖掘出租车信息的研究,较少地针对绩效评价结果提供定量化的改善措施,由此难以保证运营策略在实施过程中发挥切实有效的作用并达到预期的效果。

(3)现有研究较少涵盖包括政府、出租车公司和出行者在内的多个参与主体行为及其对出租车服务的影响,无法综合地诠释出租车系统的发展变化规律、出租车服务的特征以及各参与主体在发展过程中的作用机理,在运营管理中会出现管理措施实施不当等问题,以致系统提供的服务质量较差,整体运营绩效较低。

基于此,将参与主体行为分析及其对出租车服务的影响作研究命题,本书致力于解决现有研究存在的问题,为出租车系统的管理与运营实践提供理论支撑。

2.4 本章小结

本章对出租车系统理论国内外研究现状进行了综述,并对当前的研究现状进行了评述。分别从出租车系统出行者行为影响、出租车公司行为影响和政府行为影响三个角度,综述了当前的研究现状,并在此基础上分别指出了出行者行为、出租车公司行为和政府行为三个角度研究存在的不足之处,为后文的深入研究奠定了基础。

第3章 出租车系统运营信息分析

3.1 出租车拥有量信息分析

哈尔滨市是黑龙江省省会，是我国东北地区北部政治、经济和文化中心，也是我国省辖市中面积最大、人口居第二位的特大城市。哈尔滨市市区共有道路 2424 条，道路总长 1974.28km，道路总面积达 43.28km^2。通过查询 2000—2013 年统计年鉴的数据，可以得到哈尔滨市出租车拥有量数据的变化趋势，如图 3-1 所示。

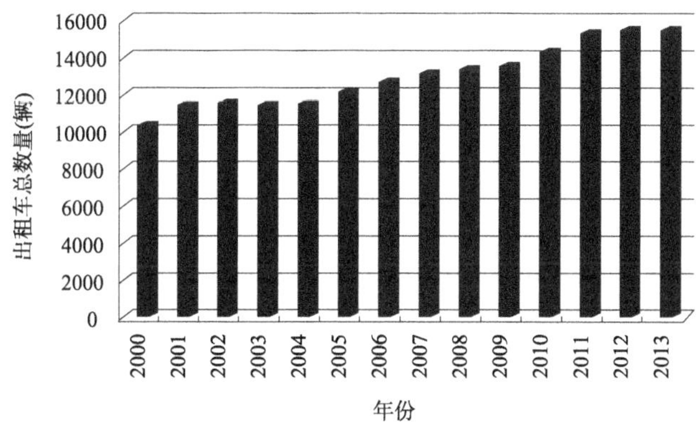

图 3-1　哈尔滨市 2000—2013 年出租车总量变化图

从图 3-1 可以看出，哈尔滨市出租车总量的变化可以分为 4 个阶段，分别表现为 2001—2004 年出租车总量变化较小，2005—2007 年出租车总量呈现明显增长的变化趋势，2008—2010 年出租车总量呈现缓慢增长的变化趋势，2011—2013 年出租车总量又呈现缓慢增长的变化趋势。接下来，本书将分别从出租车和出租车公司的角度分析哈尔滨市出租车系统的运营状态。

3.2 出租车运营状态分析

出租车日常运营数据来源于哈尔滨市出租汽车管理处。该部门于 2011 年启动了“智能化管理和服务的出租车系统”研究项目。在项目实施过程中，大部分出租车都安装了车载 GPS 装置，以便于满足快速发展的信息化管理需要。智能化出租车系统实现了实时定位和监控功能，不仅可以提供出租车的预约服务，还可以获取出租车的实时运营数据，比如出租车数量、平均服务频次以及载客里程等信息。

本书对2012年5月至2013年4月期间哈尔滨市各月份出租车的运营状况进行了统计分析。统计指标包括日均空驶率、日均服务频次、日均出租车数量和日均服务距离等。这里,日均空驶率是指路网中平均每天出租车的空驶里程与行驶里程的比值;日均服务频次是指路网中平均每天出租车提供的服务次数,单位是次/天;日均出租车数量是指路网中平均每天提供服务的出租车总数量,单位是辆/天;日均服务距离是指路网中平均每天出租车提供单次服务的行驶距离,单位是km/次/天。为方便统计图形的描绘,本书将各月份的表达形式简写为诸如201205(表示为2012年5月)的形式,其他月份同此表达。

经过对车载GPS数据统计分析,可以得到研究时段内日均空驶率的变化情况,如图3-2所示。日均空驶率指标的分布范围是[18%, 25%],平均值是22%。该指标的最大值出现在2012年5月和10月,其最小值出现在2012年11月和2013年2月。

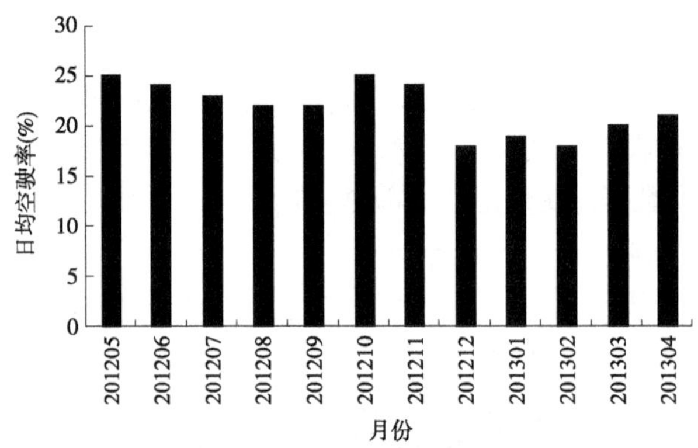

图3-2　哈尔滨市出租车日均空驶率的变化情况

经过对车载GPS数据统计分析,可以得到研究时段内日均服务频次的变化情况,如图3-3所示。日均服务频次的变化反映了乘客交通需求的变化,其分布范围是[266568, 449982]次/天,平均值是378469次/天。日均服务频次的最大值出现在2012年7月,最小值出现在2012年11月。

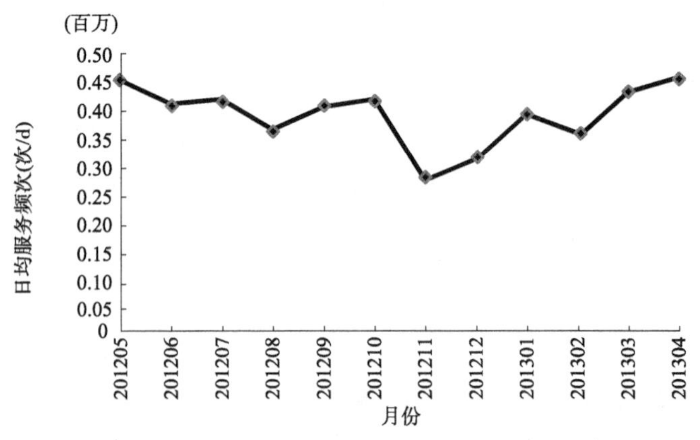

图3-3　哈尔滨市出租车日均服务频次的变化情况

同样运用车载GPS统计数据,可以得到研究时段内日均出租车数量的变化情况,如图3-4所示。日均出租车数量的变化反映了出租车供给的变化,其分布范围是[7513, 11604]辆/天,平均值是10744辆/天。日均出租车数量的最大值出现在2012年10月,最小值出现在2012年11月。除2012年11月外，这个指标的变化较小，这可能要归因于哈尔滨市出租车系统实施准入监管策略。

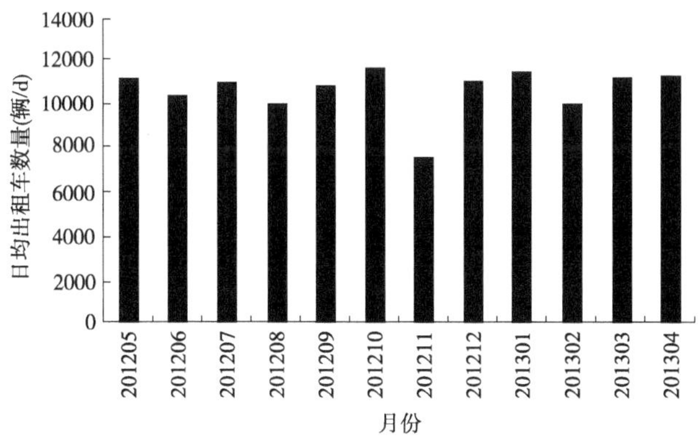

图3-4 哈尔滨市日均出租车数量的变化情况

以2012年5月的车载GPS运营数据为例，日均服务距离的统计结果见表3-1，分析该指标的分布情况。

2012年5月日均服务距离的分布情况 表3-1

日均服务距离(km)	频次(次)	百分比(%)	累计频次(次)	累计百分比(%)
<3	0	0	0	0
3~5	120	2.3	120	2.3
5~8	4948	94.5	5068	96.8
8~11	66	1.2	5134	98.0
11~14	32	0.6	5166	98.6
14~20	24	0.4	5190	99.0
>20	53	1.0	5243	100.0

出租车的日均服务距离平均值是6.66km。从表3-1中还可以看出，以服务距离界定的出行模式中，出租车出行的最大比例集中在5~8km的这一出行模式，占总出行量的94.5%。而平均值6.66km恰好落在这个范围内。而且，小于11km的出行模式约占总出行量的98%，其服务的乘客构成了出租车出行的主要服务对象。所以，出租车出行方式主要服务于短距离出行的人们，而大于11km的出行仅占总出行量的2%左右，这类出行一般用于满足商业和工作出行。

此外，参照2009年哈尔滨市出租车运营调查数据可以获得其他运营参数，具体内容见表3-2。

哈尔滨市出租车运营参数表 表3-2

参数	数值	单位	参数	数值	单位
起步价	8	元/3km	里程价	1.9	元/km
乘客乘车时间	11.54	min/次	乘客等待时间	5	min/次
燃油附加费	1	元/次	燃油价格	6	元/L

续上表

参　数	数　值	单　位	参　数	数　值	单　位
日均行驶里程	320	km/日/车	单次载客里程	4.79	km/次
平均载客率	1.66	人/次	燃油经济性	10	km/L
平均车速	25.48	km/h	出租车比例	7	%

3.3　出租车公司运营状态分析

哈尔滨市出租车公司主要有国有、民营、股份制和有限责任 4 类公司，共计 45 家。统计至 2013 年，国营出租车公司共有 5 家，分别为龙运现代、龙江旅游、泰克斯、新立和马迭尔，总计拥有出租车 2304 辆；民营、股份制和有限责任公司共有 39 家，总计拥有出租车 12058 辆。其中，有限责任类型的公司最多，总计为 27 家，拥有出租车 8368 辆，占出租车总量的 58.26%。

仍以基于车载 GPS 的出租车统计数据为研究对象，出租车公司包括：北环通用公司（北环）、北新通用公司（北新）、超运通用公司（超运）、大众通用公司（大通）、大众雅迅公司（大雅）、飞宇通用公司（飞宇）、凤祥通用公司（凤通）、凤祥雅迅公司（凤雅）、华侨通用公司（华侨）、吉华通用公司（吉华）、龙江旅游通用公司（龙江）、龙运通用公司（龙通）、龙运雅迅检公司（龙雅）、旅游汽车雅迅公司（旅游）、荣世达通用公司（荣世达）、市运通用公司（市运）、泰克斯雅迅公司（泰克斯）、天鹅通用公司（天通）、天鹅雅迅公司（天雅）、中顺通用公司（中顺）。为表述方便，后文以简称表示出租车公司。

基于车载 GPS 数据的统计分析，可以得到出租车公司日均空驶率的变化情况，如图 3-5 所示。日均空驶率指标的分布范围是[2%，29%]，平均值是 18%，该指标的最大值为市运通用公司（市运），最小值则是龙江旅游通用公司（龙江）。

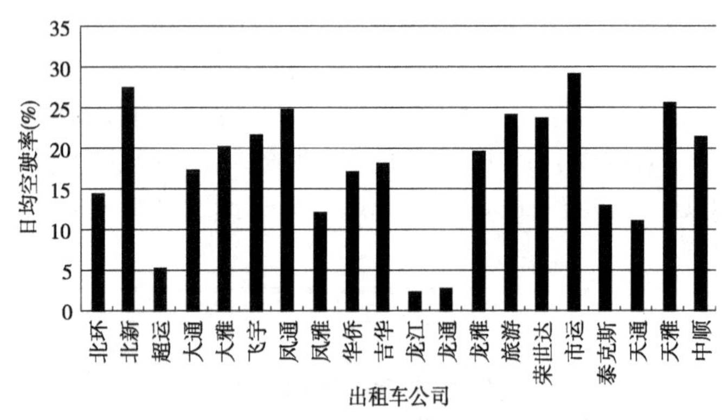

图 3-5　哈尔滨市出租车公司日均空驶率的变化情况

研究时段内出租车公司日均服务频次的变化情况如图 3-6 所示。日均服务频次的变化反映了乘客交通需求的变化，其分布范围是[29，38]次，平均值是 34 次/车/天。最大值是超运通用公司（超运），最小值是大众通用公司（大通）。

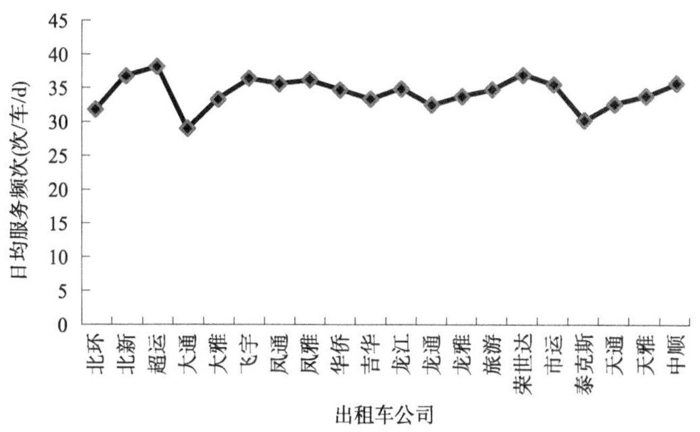

图3-6　哈尔滨市出租车公司日均服务频次的变化情况

同样运用车载GPS数据，得到了研究时段内日均营运车辆数量的变化情况，如图3-7所示。日均营运车辆数量的变化反映了出租车公司的实际供给状态，其分布范围是[141，681]辆，平均值是244辆。日均营运车辆数量的最大值是龙运雅迅检公司(龙雅)，最小值是华侨通用公司(华侨)。除龙运雅迅检公司(龙雅)和旅游汽车雅迅公司(旅游)以外，这个指标在研究范围内的变化均较小，表明各出租车公司的日均营运出租车数量的规模大小差距较小。

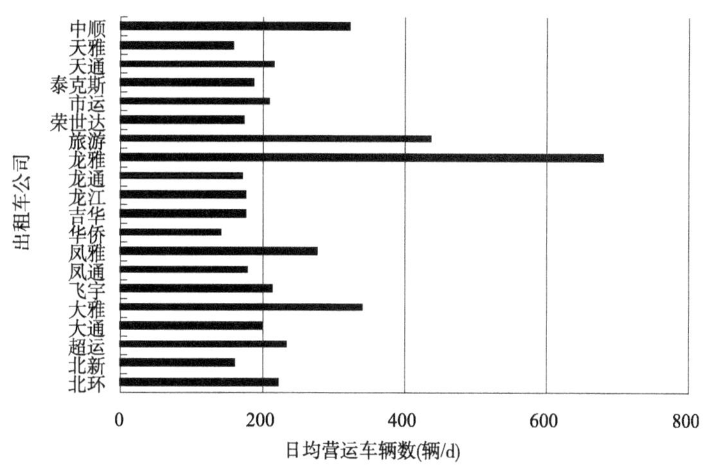

图3-7　哈尔滨市出租车公司日均营运车数的变化情况

3.4　本章小结

本章对来自出租车管理部门、出租车公司和出租车系统相关文献等方面获得的出租车系统信息进行了统计分析。分别从出租车拥有量、出租车路网运营状态以及出租车公司运营状态三个角度，考量了包括日均空驶率、日均服务频次、日均营运数量以及日均服务距离等指标的变化情况，综合反映了出租车系统的当前运营状态。

第 4 章

出租车系统参与主体界定与利益关系分析

本章在分析出租车属性特征的基础上，阐述出租车在公共交通系统中的功能及定位，运用系统工程学思想界定出租车系统的参与主体层次，阐述参与主体之间的利益关系及其相互作用。依据参与主体的层次划分，分别分析出行者、出租车公司和政府等参与主体特征，为进一步阐述出租车规制奠定基础。

4.1 出租车系统功能及定位

出租车是公共交通体系（地面公交、轨道交通等大容量运输方式）的有效补充，与公交、地铁、轮渡等同是维系大众出行的基本方式之一。作为社会资源，出租车具有三个属性特征：

（1）出租车的功能是使出行者通过消费来满足自身的需求，并为全社会成员共享，因此出租车出行方式必须面向全社会提供公共服务。不论是巡游模式、站点候车模式，还是基于打车软件的电召模式，出租车都既不能“拒载”，也不能“议价”，这体现的是出租车服务具有公共性特征。

（2）出租车服务又具有“独占性”，乘客的消费过程具有竞争性，一般是按照“谁付款，谁受益”的原则来为乘客提供服务。而且，出租车的定价不是“完全市场化”的，受到政府干预和社会监督，主要通过价格听证的方式完成定价。

（3）出租车具有私用物品受益“排他性”的特点，只有那些“按价付款”的乘客才能受益，且将未付款的消费者排除在受益范围外，体现出租车服务的公平性。

结合上述特征分析可见，在社会资源中，出租车属于“准公共物品”。一方面，出租车作为公交方式的补充，其服务功能和价格与常规公交系统错位，但它们的效用都是面向全社会成员来提供乘行服务的，具有公共物品共同受益与联合消费的特点；另一方面，出租车可以提供门到门的服务，具有私密性、及时性、舒适性等特点，体现出私用物品的部分特性，说明出租车不能成为纯粹的公共物品。

出租车属于城市综合交通体系不可或缺的一部分，属于准公共交通的范畴，属于“小型化、个性化、大众化”的出行工具，是城市公共交通系统的重要补充。这种定位是历史进程决定的，是由我国国情和城市的具体情况决定的。不同于欧美城市交通的“租赁车”，我国出租车的主要特点是面向大众提供运输服务的，服务价格在制定过程中面向广大群众公开，而且运输服务有行业自身的规范要求。此外，由于需要政府对出租车发展规划提供指导，因此出租车发展规模一般受到政府的干预和控制。而且，我国城市出租车的规模应该与城市交通发展规划的目标进行通盘考虑，其服务水平也应该与公共交通发展规划的要求一同考虑。

4.2　参与主体界定及其关系分析

从系统工程学角度出发，本书将出租车系统参与主体划分为三类，分别是出行者、运营者和管理者，具体包括乘客、出租车驾驶员、出租车公司以及政府等。其中，出行者主体包括驾驶员和乘客，驾驶员提供具体的运输服务来满足乘客的需求，乘客则在路网中选择出租车服务完成自己的出行计划；运营者主体是指出租车公司，根据出租车市场的实际情况，出租车公司采取具体的运营策略，负责驾驶员和出租车的日常管理工作；管理者主体是指政府，其主要任务是制定出租车管理政策和发展目标。出租车系统参与主体、行为表现以及关注目标可以用图 4-1 来表示。

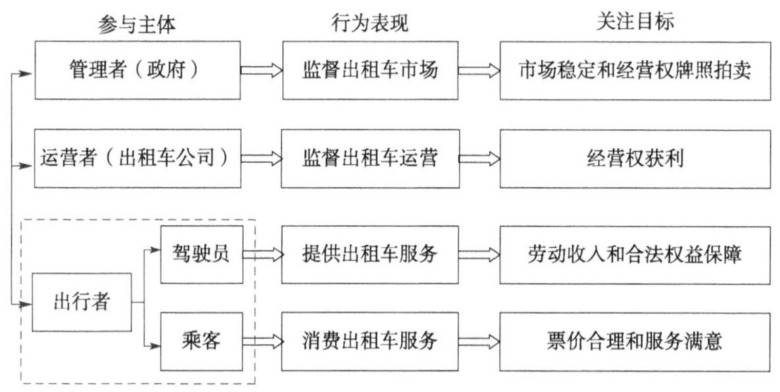

图 4-1　城市出租车系统的参与主体分析

出租车系统日常运营的收益主要在上述参与主体之间进行分配，他们之间的利益和分配关系大体如图 4-2 所示。

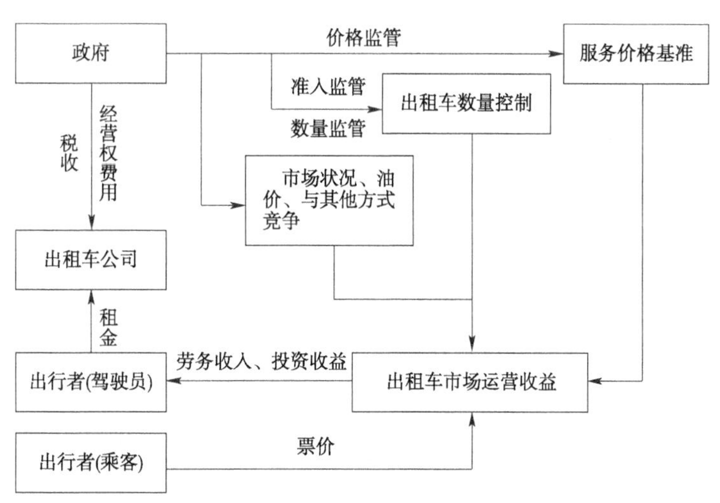

图 4-2　城市出租车系统参与主体之间的关系

从图4-2可以看出,乘客为消费便捷的出租车服务买单,出租车市场由此获取运营收益。这些运营收益需要在政府、出租车公司和驾驶员之间进行利润分配。当经营收益稳定并且利润分配明晰的情况下,利益主体之间的关系不会出现冲突。然而,在市场经济体制中,出租车系统不仅与其他客运方式之间存在竞争,运营也存在着很多的风险和不确定性,收益难以保持稳定。一旦这种情况发生,运营的风险往往就会转嫁给驾驶员,影响参与主体之间的和谐发展。因此,研究出租车系统的科学理论,提高出租车运营服务的稳定性,才能更好地化解参与主体之间的矛盾,更有利于出租车系统的稳定发展。

4.3　出行者出行特征分析

城市居民的出行是以人为主体,受交通工具和道路以及环境影响的复杂开放的大系统。其中,行为主体是人,行为人实现出行需求的必要载体是交通工具、道路和环境。出行行为可以概述为:在与社会环境相互作用的过程中,作为行为主体的出行者为了满足自身的需求而产生的一系列出行个体的生理与心理活动变化的整个过程。

通常情况下,对于出行者个体而言,需要根据自身的条件以及特定需求,从所有可能借助的出行方式中作出选择,并且需要在可接受的出行时间内到达目的地。对于出租车乘客而言,即为根据自己的出行目的地以及自身条件,从出租车市场的服务模式中作出行方式选择。

在本书中,除了研究乘客作为出行者的方式选择行为外,也将研究空驶出租车驾驶员在路网中作出行选择的决策行为。对于出租车驾驶员而言,一方面需要根据运营状况和自身经验来选择服务模式,比如选择巡游模式还是电召模式等。服务模式的正确选择有助于驾驶员提高工作效率和营运收益。另一方面需要根据对路网的熟悉程度和交通需求分布特点来选择即将前往的交通小区。交通小区的正确选择有助于驾驶员提高与乘客成功对接的概率。因此,对于乘客和驾驶员而言,客观的出行活动引发行为人的出行行为,行为人的时空转变以及生理变化都表现在出行行为中,也反映了出行者的心理活动过程,整个出行过程是一个受环境因素影响的动态过程。

4.4　出租车公司运营特征分析

出租车公司是出租车服务的供应方和市场经营的主体,政府向出租车公司发放经营权后,由出租车公司雇佣驾驶员或者将出租车辆租赁来赚取利润。一方面,出租车公司需要认真贯彻执行政府的政策和法规,严格按照政府的要求从事出租车经营服务;同时要确保驾驶员的合法权益不受侵犯,充分调动驾驶员参与公司管理的积极性。本书将研究两类出租车公司行为,主要包括服务模式的运营行为和资源投入的运营行为。

(1)服务模式运营特征。

在本书中提及的出租车服务模式有3种类型,分别是巡游模式、电召模式和约租车模式。约租车模式是由市场需求触发，不受出租车公司的管理和约束，因此，巡游和电召运营行为将是本书出租车公司行为的主要研究对象。巡游模式是指驾驶员在道路上一边行驶一边寻找乘客，一旦发现目标乘客，出租车停车并等待乘客上车后开始服务。出租车公司运营巡游模式的行为主要体现在服务设施供给和服务规则制定等方面。

我国出租车行业一直以来都是采取以提供巡游服务模式为主和站点候车模式为辅的运营模式。随着社会经济的快速发展，电召服务模式逐渐走入人们的生活。这种方式能够提高出租车的运行效率，减少无效的空驶巡游里程，也在一定程度上缓解交通拥堵。出租车市场中，电话预约叫车是电召模式的服务形式，乘客打电话向调度中心提交需求订单，调度中心为驾驶员派发订单，实现供给和需求之间的成功对接，乘客与驾驶员之间的需求和响应都需要调度中心的参与和安排。此时，出租车公司运营电召模式的行为还包括由调度中心负责制定不同的派遣策略来满足乘客预约租车的需求。

在互联网+时代背景下，伴随着移动互联网的迅速发展和移动支付的成功实现，利用打车软件完成预约租车的电召模式迅速兴起。乘客和驾驶员双方通过互联网打车软件平台建立线上信息沟通渠道，通过App商城中的支付宝和微信等方式完成移动支付，并通过线下操作完成出行服务过程。这种新兴的电召模式使用互联网平台整合了新的运输工具资源，为交通出行提供了一种新的选择，提高了出租车的时空利用效率。在这种背景下，如果软件平台企业纳入监管范围，出租车公司与软件平台企业合作，将出租车辆和驾驶员等信息与软件平台企业共享，出租车公司负责管理和运营，那么将对出租车行业的发展带来更大的益处。

(2) 资源投入运营特征。

通常情况下，人们乘坐常规公交方式出行时需要根据目的地来确定乘坐的公交线路，也就间接地对公交车队作出了选择。与常规公交方式不同，选择出租车出行方式的乘客在道路上只要遇到空驶出租车就可以乘坐，很少对出租车所属的运营公司进行选择，由此出租车公司之间的竞争行为体现并不明显。在实际经营过程中，出租车公司主要根据企业自身发展的目标和需求进行分散式的经济决策，并设计合理的运营策略来获取企业的最大利润。换句话说，为了提高出租车资源的配置效率，降低出租车公司的运营成本，就需要出租车公司根据出租车市场和行业变化的信息对投入运营的资源进行合理的选择。

4.5　政府管理特征分析

由于出租车提供的运输服务具有社会公益性质，并且政府需要承担相应的管理和监督职责，因此，出租车系统实际上是一个存在政府干预的受控市场。在大多数城市中，政府实施的监管策略基本都是相同的，这些监管策略主要包括：准入监管策略、数量监管策略和价格监管策略。

出租车系统是否需要实施监管策略的争论一直普遍存在。支持政府实施监管策略的学者们认为，出租车系统需要实施准入限制策略来保证获得有效的产出结果。理由是：在自由进入的出租车系统中，由于多数空驶出租车都采用巡游模式搜索乘客，往往造成有限的道路空间承载了大量的交通需求，这样很容易导致诸如交通拥堵和污染严重等负外部效应发生。

在这种情况下,出租车服务的社会成本必然会超过单次服务的乘客支付价格。而从经济学角度讲,经济效率的实现一般要求出租车服务的社会边际成本应该等于乘客支付价格;如果价格低于社会边际成本,就会带来出租车的超负荷使用以及负外部问题的产生。因此,为了使负外部问题内在化,需要对使用出租车的乘客支付的价格实施控制,并且限制出租车进入运营市场的数量。此外,出租车服务本身还具有准公共产品特征,只有实施准入控制,才可以保证出租车价格相对较低,尽可能成为公共交通系统的替代方式。

价格控制是政府干预出租车系统的另一种政策。放开价格控制很大程度上会增加交易成本。在自由竞争的市场环境中,乘客以最低的价格找到一辆出租车,付出的交易成本通常是较高的。由于出租车系统存在信息不对称现象,乘客事先对价格并不了解,驾驶员很可能会过高地向乘客索价或者损害乘客的利益。在这种情况下,由于信息不对称现象和交易成本的存在,解除监管的出租车市场中价格就可能超过或者低于有效价格水平,此时实施价格控制就有助于提高运营效率。预先确定的价格也可以给乘客提供更多运输成本信息,减少双方讨价还价。由此可见,要想确保获得有效的服务产出,政府对出租车系统实施准入限制和价格管制政策是必要的。此外,学者普遍认为准入限制和价格控制两种政策同时实施才能确保出租车系统获得有效的服务产出。

对监管策略持反对意见的学者们认为准入壁垒将会导致人为地抬高出租车牌照租金的现象发生,进而促使垄断类型的市场结构形成。也有学者认为出租车系统的监管策略会促使出租车牌照寻租进程的深入,逐渐导致政府的管理行为处于失灵状态。通常情况下,在受政府监管的出租车系统中,人为的垄断结构或者管制过程都会改变企业核心活动的方向,以此来保护租金和维护较高的牌照价值。这种情况不仅会造成更多的资源浪费,寻租行为也会降低出租车系统的创造性。反过来,租金也可以用来游说相关的管理决策者,这就会加速促使寻租文化的滋生,而出租车公司也会发现更多以牺牲服务质量为代价来保护租金的新途径。但是,在实际中,准入限制的解除并不意味着完全地放开出租车市场,需要将经济监管的放宽与社会监管的实施相互结合起来才能更好地发挥作用,才能更好地提高出租车系统的服务质量和服务效率。

4.6 本章小结

本章阐述了出租车的功能、社会属性以及功能定位,划分了出租车系统的参与主体,讨论了参与主体之间的利益关系。在此基础上,分别分析了出行者出行选择行为(包括出行者选择行为和驾驶员选择行为)的特征、出租车公司运营行为(包括服务模式选择行为和资源投入决策行为)的特征和政府监管行为(包括准入管制行为和价格管制行为)的特征,为后文的深入研究奠定了理论基础。

第5章

基于出行者行为影响的出租车系统供需均衡研究

以巡游和电召等多种混合服务模式为研究背景,本章应用 Logit 模型分析出行者方式选择行为、驾驶员出行路径选择行为和服务模式选择行为等多种行为对出租车系统的影响,构建出租车系统供需均衡模型,讨论乘客等待时间和出租车搜索时间等指标的变化,揭示出租车供给和需求之间关系的变化规律,从而为出租车系统管理和运营提供有价值的参考。

5.1 供需均衡理论适用性分析

乘客的出行方式选择行为直接影响出行方式的分担情况和乘客的个体收益,进而影响交通需求的变化。驾驶员的出行路径和服务模式选择行为直接影响驾驶员的营运收益,影响交通供给的变化和出租车在路网中的分布情况。也就是说,无论是乘客还是出租车驾驶员,他们的选择行为都会影响出租车系统的需求与供给之间的关系。从经济学角度看,出租车服务是可用于买卖的商品,出租车系统可以由市场机制调整供给与需求的关系,使之达到供需均衡状态。因此,出行者行为的变化在很大程度上影响出租车市场能否实现供需均衡状态。基于此,本书将分析出行者行为对出租车系统供需均衡关系所产生的影响。

通常情况下,与经典经济学中商品和服务的供需关系相比,出租车服务的供给和需求之间的关系相对更加复杂。与传统竞争市场的商品服务不同,出租车服务的主要特征是平均乘客等待时间和平均出租车搜索载客时间等因素在出租车市场中起着十分重要的作用,并且成为出租车需求与供给之间相互联系的纽带。其中,平均乘客等待时间是用来衡量出租车市场中出租车的供给情况,而平均出租车载客时间是用来衡量出租车市场中出租车的利用情况。一般情况下,在供需均衡状态下,所提供的出租车服务总量包括空驶出租车运行时间和载客出租车运行时间,其总和应该大于载客出租车运行时间。也就是说,在出租车系统中出租车服务总是存在一定的松弛量。这个松弛量即为空驶出租车运行时间,它是用来确定平均乘客等待时间的关键因素。

平均乘客等待时间往往影响着乘客是否乘坐出租车的决策行为,是用来衡量出租车系统服务水平的一个重要指标,也会对系统供需均衡状态的形成带来重要影响。通常,平均乘客等待时间的减少会增加出租车服务的需求量。但是,在出租车系统中,平均乘客等待时间不同于一般商品的服务质量。在大多数商品市场中,因不同公司的生产和服务不同,可以决定得到不同质量的商品;在出租车市场中,平均乘客等待时间通常与不同出租车公司的差别关系不大,而主要依赖于路网中空驶出租车运行时间的总量。虽然一个较大公司可能会影响平均等待时间这个指标,但是某个单独公司却无法提供与其他公司区别较大的平均乘客等待时间。出租车系统交通需求与供给之间的关系可以用图 5-1 来描述。

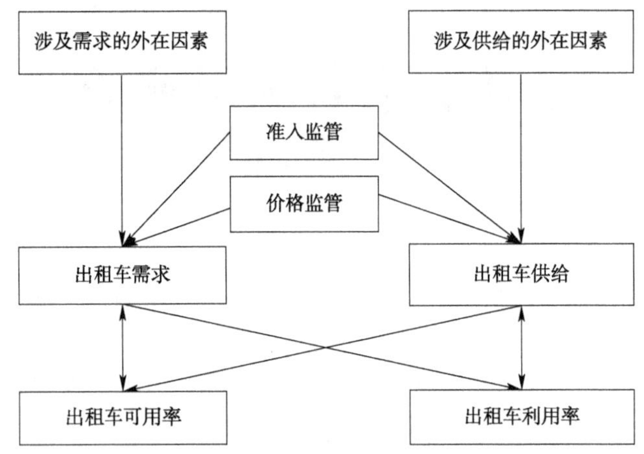

图 5-1　出租车交通需求与供给之间的关系

图 5-1 体现了出租车需求—出租车可用率—出租车利用率—出租车供给之间的关系。出租车服务的供给与需求之间联系的纽带是出租车可用率和出租车利用率两个中间变量。在出租车乘客需求方面,潜在的乘客在作出行方式选择时会考虑出租车可用率和出租车价格两种因素。在出租车供给方面,出租车公司会根据出租车利用率、营运收入以及成本等因素来实施相应的运营策略,并提供出租车服务。此外,出租车可用率影响出租车系统的服务水平,间接影响出租车利用率;而出租车利用率影响系统的供给水平,间接地影响出租车可用率。交通网络均衡一直是交通出行分析的核心问题。Wardrop 于 1952 年提出了著名的交通网络均衡分配原理,即 Wardrop 原理。而后,Beckmann 等将路网交通分配问题的解决转化为对最优化问题的求解。通过检验用户均衡条件和卡罗斯-库恩-塔克条件在非线性规划方面的关系,作者证明了模型的理论可靠性和算法的可行性,从而为解决交通网络均衡问题的模型构建奠定了基础。本书将运用交通网络均衡分配原理来描述出租车系统供需均衡的关系,获取乘客等待时间和出租车搜索时间等指标,探寻出租车市场供需之间的关系。基于此,本书在分析出行者的出行方式选择行为、驾驶员的出行路径选择行为和服务模式选择等行为的基础上,构建出租车系统供需均衡模型,探讨各种影响因素对供需均衡关系的影响,为改善出租车系统的运营状态和服务水平奠定良好的基础。

5.2　问题分析与描述

模型构建的背景作如下假设:

(1)假设一:在出租车系统中,政府实施监管策略。价格监管是指政府设定统一且不变的运营价格;数量监管是指在模型构建过程中出租车总量保持不变。

(2)假设二:在出租车系统中,出租车公司提供巡游服务模式和电召服务模式等多种模式。这些混合服务模式可供出行者和出租车驾驶员根据自身经验和路网信息作选择决策。

在上述背景下，本书定义了构建模型涉及的基本概念，并辅以路网形式来阐述模型的基本思想，进而讨论出行者选择行为对系统供需均衡状态的影响。模型的具体思想阐述如下。

根据行驶区域的不同，将出租车行驶分为路段行驶和小区内行驶。根据运营所处的状态，将出租车运营分为载客和空驶两种状态。当处于载客状态时，乘客出行起点即为上车处，出行终点即为下车处，起终点即为 OD 对。当处于空驶状态时，出租车将上一个乘客送至目的地，本次出行起点即为上次出行终点。根据服务提供的不同形式，将出租车服务模式分为巡游和电召两种。其中，巡游模式属于即停即走式服务形式。电召模式是指乘客通过打车软件或电话预约服务，驾驶员选择接单后与乘客建立临时约定并完成服务，属提前预约式服务形式。混合服务模式是指巡游和电召等多种模式构成的服务状态。

以路网某个 OD 对(i,j)为例，说明出租车在路网中的运营状态。道路网络用符号 $G(V,A)$ 表示，其中 V 表示节点集合，A 表示路段集合。I 表示交通需求发生小区集合且 $i\in I$，J 表示交通需求吸引小区集合且 $j\in J$。

路网中的出租车通常体现为 3 种运营状态，分别为：

(1)从 i 小区接乘客然后送达 j 小区的载客状态。

(2)在 j 小区放下乘客并前往 i 小区搜索下一个乘客的空驶状态。

(3)在 i 小区寻找乘客的搜索状态。

路网示意图如图 5-2 所示。

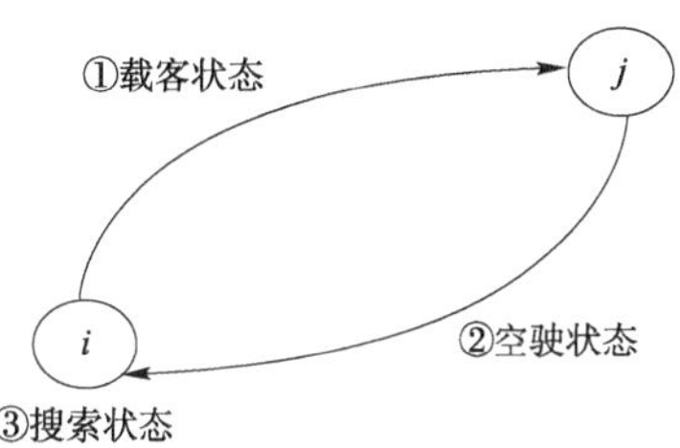

图 5-2　模型基本思想示意图

假定路网中存在供需均衡状态，即在某个时间段内，供给的出租车恰好全部满足产生的乘客需求。在混合服务模式背景下，从 j 小区出发的空驶出租车因能否通过移动终端接到订单并不确定，无法选择服务模式。这种选择一般会在从 j 小区至 i 小区的路途中完成。为描述模型方便，本书假定空驶出租车从 j 小区出发后先选择所要前往的小区，到达小区后再作服务模式的选择。

进一步可以解释为：路段上运行的出租车，作载客和空驶状态的划分，未进行服务模式的选择；进入小区内搜索的出租车需要作巡游和电召服务模式的选择。巡游模式的驾驶员搜索行为假定在小区内巡游完成，并且小区内乘客需求确定存在。电召模式的驾驶员可与乘客提前沟通，双方到达小区某约定地点处对接来完成服务，此时搜索行为转变为等待行为。当驾驶员到达小区，乘客已在约定点处等候，则驾驶员可即刻提供服务；当驾驶员到达小区，乘客还未在约定点处出现，则驾驶员需在约定点处等候；当驾驶员在途中未接到服务订单又选择提供预约服务，则驾驶员也可到高需求点处排队等候，此时一旦调度系统发现小区内有乘客需求，则可安排已位于乘客最近处的驾驶员接单。

此外，以图 5-2 所示路网形式为例，给出相关的路网变量的符号描述。$t(v_a)$ 表示路段 a 上车辆的行程时间(h)，是以路段交通流量为自变量的严格单调递增函数。v_a 表示交通流量(辆/h)，是出租车流量和常规公交流量的总和。假定一辆出租车承载一名乘客完成一乘次的运输服务。OD 对(i,j)间路径 l 上的行程时间为 $t_{ij}^{l}=\sum\limits_{a\in A}t(v_a)\delta_{ij}^{al}$。其中，$\delta_{ij}^{al}$ 表示 0 或者 1 的哑元变量，当数值为 1 时表示车辆在 OD 对(i,j)间路径 l 和路段 a 上行驶，反之取值为 0。从 i 小区经最短路径去向 j 小区的出租车行程时间为 $\hat{t}_{ij}=\min(t_{ij}^{l})$。这里 $l\in L_{ij}$，其中 L_{ij}

为 OD 对(i , j)之间所有路径的集合。假定研究时段为 1h,且路网中出租车总量为 Num 辆。本章所用的符号名称以及变量的含义整理见表 5-1。

变量名称及含义汇总表　　表 5-1

名称	变量含义	名称	变量含义
G	道路网络	V_{ij}^{T}	常规公交的广义出行成本(元)
V	路网节点集合	P_{ij}^{cc}	(i,j)间选择巡游模式出行的乘客概率
A	路网路段集合	θ^{f}	非负模型参数,反映乘客选择出租车服务的不确定性参数
I	交通需求发生小区集合	P_{ij}^{dc}	(i,j)间选择电召模式出行的乘客概率
J	交通需求吸引小区集合	Q_{ij}^{cc}	(i,j)间选择巡游模式出行的乘客需求(人/h)
i	某 OD 对起始节点	Q_{ij}^{c}	(i,j)间的总交通需求(人/h)
j	某 OD 对终讫节点	Q_{ij}^{dc}	(i,j)间选择电召模式出行的乘客需求(人/h)
a	道路路段	Q_{ij}^{tc}	(i,j)间出租车总交通需求(人/h)
$t(v_a)$	路段 a 上车辆的行程时间(h)	Q_{i}^{tc}	从 i 小区出发的出租车总交通需求(人/h)
v_a	交通流量(辆/h)	Q_{j}^{tc}	去向 j 小区的出租车总交通需求(人/h)
l	某 OD 对之间的某条路径	p^{ct}	选择巡游模式搜索乘客的出租车概率
L_{ij}	OD 对(i,j)之间所有路径的集合	θ^{t}	反映驾驶员选择服务模式的不确定性参数
δ_{ij}^{al}	0 或者 1 的哑元变量	w_{i}^{ct}	在 i 小区选择巡游模式的出租车搜索时间(h)
$\hat{t}_{ij}$	(i,j)间经由最短路径的行程时间(h)	w_{i}^{dt}	在 i 小区选择电召模式的出租车等客时间(h)
Num	研究时段内路网中出租车总量(辆)	p^{dt}	选择电召模式等客的出租车概率
V_{ij}^{cc}	巡游模式的广义出行成本(元)	w_{i}^{t}	i 小区驾驶员的平均搜索时间(h)
t_{ij}	OD 对(i,j)之间的行程时间(h)	$P_{i/j}$	从 j 小区出发的空驶出租车选择前往 i 小区搜索的概率
W_{i}^{cc}	i 小区接受巡游服务的乘客等待时间(h)	θ	反映驾驶员选择交通小区的不确定性参数
f_{0}^{cc}	巡游出租车时间价格系数(元/h)	T_{ij}^{ot}	(i,j)间载客出租车流量(辆/h),上角标表示载客状态
b_0	乘客车内时间成本系数(元/h)	T_{ij}^{vt}	(i,j)间空驶出租车流量(辆/h),上角标表示空驶状态
b_1	乘客等待时间成本系数(元/h)	T_{ij}^{T}	常规公交的交通流量(辆/h)
V_{ij}^{dc}	电召模式的广义出行成本(元)	f_{ij}^{l}	路径 l 上的总交通流量(辆/h)

续上表

名称	变量含义	名称	变量含义
W_i^{dc}	i小区接受电召服务的乘客等待时间(h)	α_i	拉格朗日乘子
f_0^{dc}	电召出租车时间价格系数(元/h)	u_{ij}	拉格朗日乘子
U	电召模式支付的其他费用(元)	β_j	拉格朗日乘子
A_i	双约束重力模型行约束系数	η_{ij}	拉格朗日乘子
B_j	双约束重力模型列约束系数	λ_{ji}	拉格朗日乘子

5.3 出租车供需均衡模型

5.3.1 乘客需求模型构建

本节以乘客的出行方式选择行为作为研究对象,运用巢式 Logit 模型构建乘客交通需求模型。

5.3.1.1 乘客出行方式选择问题描述

针对出行方式选择问题,本书的研究范围是公共交通出行方式。城市公共交通体系是由多种公交方式组合形成的,可以划分为公交系统和辅助公交系统。其中,公交系统是指承担公交体系中较大客运量,并提供基础性和普遍性服务的出行方式。辅助公交系统是指客运量在公交体系中所占比例不大,但能提供多样化和个性化服务的重要方式。公交系统的典型方式包括常规公交和轨道交通,而出租车属于辅助公交系统。本书选择公交系统的代表性方式常规公交,作为辅助公交系统出租车的竞争方式。由此,出行方式集合包括出租车和常规公交两种方式,其中出租车出行又包括巡游模式和电召模式两种类型,每种交通方式构成了不同的选择枝,具体描述过程如图 5-3 所示。

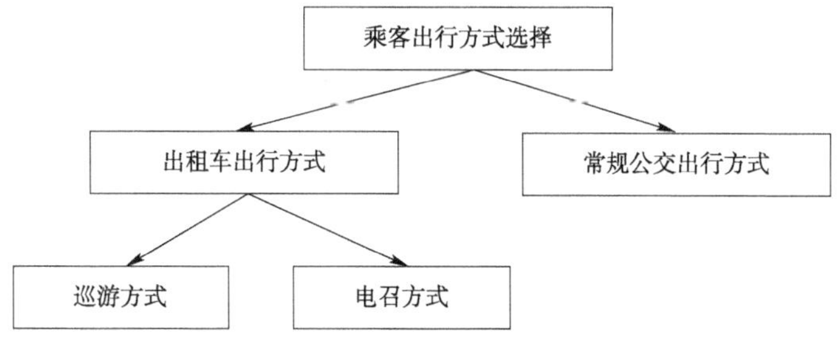

图 5-3 乘客出行方式选择示意图

本书假设所研究的选择枝随机误差项的分布是相互独立的,且服从二重指数 Gumbel 分布,适合采用 Logit 模型来刻画乘客的选择行为。而且,图 5-3 中巡游模式和电召模式两个选择枝的随机效用部分具有相关性,可以构成虚拟选择枝出租车出行方式。在分析巡游模式和电召模式效用的不同部分时,巡游模式和电召模式选择枝构成了独立的 MNL 模型。另外,出租车和常规公交方式也存在共性,可以构成虚拟选择枝公共交通出行方式。在考虑出租车和常规公交效用的不同部分时,出租车和常规公交选择枝也构成了独立的 MNL 模型。因此,图 5-3 可以描述为树状水平为 2 的巢式 Logit(The Nested Logit, NL)模型,并且在树的节点分叉处都可以视为独立的 MNL 模型。基于上述分析,本章运用巢式 Logit 模型来描述图 5-3 所示的乘客出行方式选择问题,并分析选择行为对出租车交通需求分布的影响。

5.3.1.2 出行方式效用估计模型

根据随机效用理论,乘客在每次决策时总会选择效用值最大的选择枝。一般情况下,乘客选择出行方式的偏好与乘客的出行成本和乘客的主观感知等因素有关。其中,乘客的出行成本是效用函数的确定部分,乘客的主观感知则是效用函数的随机部分。为研究方便,本书假定不考虑效用函数的随机部分。因此,效用函数的构成只需考虑不同出行方式的广义出行成本。

选择出租车出行的乘客的广义出行成本包括出租车票价、乘客车内时间成本以及乘客车外等车时间成本等。巡游模式和电召模式广义出行成本的主要区别在于两种方式乘客的等待时间不同,并且选用电召模式的乘客需要额外支付通信费用或者议价费用。巡游模式的广义出行成本可以表示为:

$$V_{ij}^{cc} = f_0^{cc} t_{ij} + b_0 t_{ij} + b_1 W_i^{cc} \tag{5-1}$$

式中:V_{ij}^{cc}——巡游模式的广义出行成本,元;

t_{ij}——OD 对(i , j)之间的行程时间,h;

W_i^{cc}——i 小区内接受巡游出租车服务的乘客等待时间,h;

f_0^{cc}——巡游出租车的单位时间价格系数,元/h;

b_0——乘客的单位车内时间成本系数,元/h;

b_1——乘客的单位等待时间成本系数,元/h。

电召模式的广义出行成本可以表示为:

$$V_{ij}^{dc} = f_0^{dc} t_{ij} + b_0 t_{ij} + b_1 W_i^{dc} + U \tag{5-2}$$

式中:V_{ij}^{dc}——电召模式的广义出行成本,元;

W_i^{dc}——i 小区内接受电召出租车服务的乘客等待时间,h;

f_0^{dc}——电召出租车的单位时间价格系数,元/h;

U——电召模式额外支付的其他费用,元。

由于本书研究对象是出租车方式,因此将选择常规公交出行的乘客广义成本作变换,使之与出租车广义成本建立联系并采用出租车的相关变量替代表达。借鉴 Yang 的研究成果,选择常规公交出行的乘客的广义成本可以表示为:

$$V_{ij}^{T} = \frac{1}{15} f_0^{cc} t_{ij} + 2 b_0 t_{ij} + 1.1 b_1 W_i^{cc} \tag{5-3}$$

式中:V_{ij}^{T}——常规公交方式的广义出行成本,元。

5.3.1.3 乘客出行方式选择模型

将 V_{ij}^{cc} 、V_{ij}^{dc} 和 V_{ij}^{T} 等效用函数表达形式代入乘客出行方式选择的巢式 Logit 模型中,研究不同出行方式的交通需求分担情况。

选择巡游模式出行的乘客行为可以描述为：

$$P_{ij}^{cc} = \frac{\exp\{-\ln[\exp(-\theta^f V_{ij}^{cc}) + \exp(-\theta^f V_{ij}^{dc})]\}}{\exp(-\theta^f V_{ij}^{T}) + \exp\{-\ln[\exp(-\theta^f V_{ij}^{cc}) + \exp(-\theta^f V_{ij}^{dc})]\}} \cdot \frac{\exp(-\theta^f V_{ij}^{cc})}{\exp(-\theta^f V_{ij}^{cc}) + \exp(-\theta^f V_{ij}^{dc})} \tag{5-4}$$

式中：P_{ij}^{cc} ——从 i 小区去向 j 小区选择巡游模式出行的乘客概率；

θ^f ——非负模型参数，反映乘客选择出租车服务的不确定性参数。

选择电召模式出行的乘客行为可以描述为：

$$P_{ij}^{dc} = \frac{\exp\{-\ln[\exp(-\theta^f V_{ij}^{cc}) + \exp(-\theta^f V_{ij}^{dc})]\}}{\exp(-\theta^f V_{ij}^{T}) + \exp\{-\ln[\exp(-\theta^f V_{ij}^{cc}) + \exp(-\theta^f V_{ij}^{dc})]\}} \cdot \frac{\exp(-\theta^f V_{ij}^{dc})}{\exp(-\theta^f V_{ij}^{cc}) + \exp(-\theta^f V_{ij}^{dc})} \tag{5-5}$$

式中：P_{ij}^{dc} ——从 i 小区去向 j 小区选择电召模式出行的乘客概率。

基于此，选择巡游模式出行的乘客需求可以表示为：

$$Q_{ij}^{cc} = Q_{ij}^{c} P_{ij}^{cc} \tag{5-6}$$

式中：Q_{ij}^{cc} ——从 i 小区去向 j 小区的选择巡游模式出行的乘客需求，人/h；

Q_{ij}^{c} ——从 i 小区去向 j 小区的总交通需求，人/h。

相应地，选择电召模式出行的乘客需求可以表示为：

$$Q_{ij}^{dc} = Q_{ij}^{c} P_{ij}^{dc} \tag{5-7}$$

式中：Q_{ij}^{dc} ——从 i 小区去向 j 小区的选择电召模式出行的乘客需求，人/h。

那么，出租车总交通需求可以表示为：

$$Q_{ij}^{tc} = Q_{ij}^{cc} + Q_{ij}^{dc} \tag{5-8}$$

式中：Q_{ij}^{tc} ——从 i 小区去向 j 小区的出租车总交通需求，人/h。

5.3.2 出租车供给模型构建

本节将对出租车驾驶员的服务模式选择行为和交通小区选择行为作研究，构建出租车交通供给模型。

5.3.2.1 模型基本假设

出租车交通供给模型作如下基本假设：

(1)一旦一辆空驶出租车在 i 小区接上乘客，这个出租车驾驶员将会选择行程时间最短的路径驶向目的地 j 小区。

(2)以某 OD 对(i , j)为例，在出租车运送乘客到达 j 小区后，不考虑驾驶员在 j 小区继续搜索下一个乘客的情况，假定这个驾驶员将驶向其他小区搜索。在此过程中，出租车驾驶员总是尽量使自己的期望搜索时间达到最小。

(3)关于出租车驾驶员选择服务模式的行为和搜索或等待乘客的行为的描述参见下节。

5.3.2.2 出租车服务模式选择行为模型

到达某小区的空驶出租车驾驶员可以依据自身的经验或者其他信息来判断并选择服务模式。一般情况下,提供巡游服务的出租车的行为体现为搜索乘客行为,提供电召服务的出租车的行为体现为等待乘客行为。因此,在服务模式选择时,影响驾驶员作决策的主要因素是搜索/等待乘客时间成本。为描述出租车服务模式选择行为,本书运用基于 Logit 模型的选择概率函数来表达,采用出租车驾驶员的搜索/等待时间成本来表达效用函数。

基于上述分析可得,空驶出租车选择巡游模式搜索乘客的行为可以描述为:

$$p^{ct} = \frac{\exp(-\theta^t w_i^{ct})}{\exp(-\theta^t w_i^{ct}) + \exp(-\theta^t w_i^{dt})} \tag{5-9}$$

式中:p^{ct} ——选择巡游模式搜索乘客的出租车的概率;

θ^t ——非负模型参数,反映出租车驾驶员选择服务模式的不确定性参数;

w_i^{ct} ——在 i 小区选择巡游模式的出租车搜索乘客所用的时间,h;

w_i^{dt} ——在 i 小区选择电召模式的出租车等待乘客所用的时间,h。

相应地,空驶出租车选择电召模式等待乘客的行为可以描述为:

$$p^{dt} = \frac{\exp(-\theta^t w_i^{dt})}{\exp(-\theta^t w_i^{ct}) + \exp(-\theta^t w_i^{dt})} \tag{5-10}$$

式中:p^{dt} ——选择电召模式等待乘客的出租车的概率。

5.3.2.3 出租车交通小区选择行为模型

出租车将上一个乘客运送至 j 小区后转变为空驶运营状态,并从 j 小区出发继续搜索乘客。出租车从 j 小区出发后先作路径的选择再作服务模式的选择。在作交通小区选择时,影响驾驶员作决策的主要因素是交通小区内出租车平均搜索/等待乘客时间成本。为描述出租车选择交通小区的行为,本书运用基于 Logit 模型的选择概率函数来表示。

空驶出租车的平均搜索/等待乘客时间可以描述为:

$$w_i^t = \frac{1}{2}(w_i^{ct} + w_i^{dt}) \tag{5-11}$$

式中:w_i^t ——出租车驾驶员在 i 小区的平均搜索/等待乘客时间,h。

在 OD 对(i , j)之间运行过程中,假定出租车驾驶员对各路径的期望搜索时间作估计时存在着随机误差,随机误差相互独立并且服从 Gumbel 分布,空驶出租车选择前往 i 小区搜索乘客的概率可以描述为:

$$P_{\frac{i}{j}} = \frac{\exp\{-\theta(t_{ji} + w_i^t)\}}{\sum_{q \in I} \exp\{-\theta(t_{jq} + w_q^t)\}} \quad (i \in I, q \in I, j \in J) \tag{5-12}$$

式中:$P_{\frac{i}{j}}$ ——从 j 小区出发的空驶出租车选择前往 i 小区搜索乘客的概率;

θ ——非负模型参数,反映驾驶员选择交通小区的不确定性参数。

5.3.2.4 出租车服务时间关系模型

在研究时段内和给定的路网中,出租车总量的构成可以表达为:

$$\sum_{i\in I}\sum_{j\in J}T_{ij}^{ot}t_{ij}+\sum_{j\in J}\sum_{i\in I}T_{ji}^{vt}t_{ji}+\sum_{j\in J}\sum_{i\in I}\frac{1}{2}T_{ji}^{vt}(w_i^{ct}+w_i^{dt})=Num \tag{5-13}$$

式中：T_{ij}^{ot} ——从 i 小区去向 j 小区载客出租车流量，辆/h，上角标表示载客状态；

T_{ji}^{vt} ——从 j 小区去向 i 小区空驶出租车流量，辆/h，上角标表示空驶状态。

其中，$\sum_{j\in J}\sum_{i\in I}T_{ji}^{vt}t_{ji}$ 表示路网中空驶出租车的数量；$\sum_{j\in J}\sum_{i\in I}\frac{1}{2}T_{ji}^{vt}(w_i^{ct}+w_i^{dt})$ 表示 i 小区内搜索乘客的空驶出租车数量。

5.3.3 乘客需求与出租车供给关系模型构建

5.3.3.1 乘客—出租车时间关系模型

乘客等待时间是指乘客乘车所需的平均等待时间长度，这个指标不仅能够客观反映乘客交通需求的变化，也能够反映城市出租车行业在满足快速乘车需求方面的管理和运营水平。因此，这个指标既可以为乘客提供出行参考，又可以为管理部门和运营公司提供直接的信息参考，帮助决策者检验出租车市场运营效果。

基于柯布—道格拉斯形式的乘客与出租车双向搜索函数可以描述乘客等待时间与出租车搜索/等待时间两者之间的关系。乘客等待时间分别表示为：

$$W_i^{cc}=\frac{1}{\sum_{j\in J}T_{ji}^{vt}p^{ct}w_i^{ct}} \tag{5-14}$$

$$W_i^{dc}=\frac{1}{\sum_{j\in J}T_{ji}^{vt}p^{dt}w_i^{dt}} \tag{5-15}$$

5.3.3.2 供需均衡关系模型

在研究时段内，路网中供给的出租车总能够满足产生的乘客需求。也就是说，当系统内存在稳定的供需均衡状态时，路网中空驶出租车的数量应该满足全部的乘客需求量。此外，巡游服务模式构成的供需子系统和电召服务模式构成的供需子系统均能够形成自身的供需均衡状态。因此，出租车系统最终形成了 3 个层次的供需均衡关系。

出租车系统的总供需均衡关系可以描述为：

$$\sum_{i\in I}T_{ji}^{vt}=Q_j^{tc}=\sum_{i\in I}Q_{ij}^{tc} \tag{5-16}$$

$$\sum_{j\in J}T_{ji}^{vt}=Q_i^{tc}=\sum_{j\in J}Q_{ij}^{tc} \tag{5-17}$$

式中：Q_j^{tc} ——去向 j 小区的出租车总交通需求，人/h；

Q_i^{tc} ——从 i 小区出发的出租车总交通需求，人/h。

巡游模式子系统的供需均衡状态可以描述为：

$$\sum_{j\in J}Q_{ij}^{cc}=\sum_{j\in J}T_{ji}^{vt}p^{ct} \tag{5-18}$$

电召模式子系统的供需均衡状态可以描述为：

$$\sum_{j\in J}Q_{ij}^{dc}=\sum_{j\in J}T_{ji}^{vt}p^{dt} \tag{5-19}$$

5.4 出租车供需均衡模型求解

5.4.1 等价数学规划模型构建

上述乘客需求模型、出租车供给模型以及两者之间的关系模型，变量较多且相互之间的关系较为复杂，无法实现直接求解出租车供需均衡模型解的目的。为此，需要构建一个等价的数学规划模型，通过证明该模型与出租车系统的随机用户均衡条件具有等价关系，就可以证明这个数学规划模型的解是满足用户最优准则的交通分配结果，即为随机用户均衡解。本书构建的等价数学规划模型见式(5-20)。需要指出的是，这个模型的目标函数本身不具有实际意义，构建的主要目的就是转换直接求解5.3节出租车供需均衡模型的思想，以方便间接地得到等价的均衡解，进而获取乘客等待时间和出租车搜索时间等其他指标。

$$\min Z(v_a, f_{ij}^l, T_{ji}^{vt}, Q_{ij}^{tc}) = \sum_{a\in A}\int_0^{v_a} t(\omega)\mathrm{d}\omega + \frac{1}{\theta}\sum_{j\in J}\sum_{i\in I} T_{ji}^{vt}(\ln T_{ji}^{vt} - 1) - \sum_{i\in I}\sum_{j\in J}\int_0^{Q_{ij}^{tc}} D_{ij}^{-1}(\omega)\mathrm{d}\omega \tag{5-20}$$

s. t.

$$Q_i^{tc} = \sum_{j\in J} T_{ji}^{vt} \tag{5-20a}$$

$$Q_j^{tc} = \sum_{i\in I} T_{ji}^{vt} \tag{5-20b}$$

$$\sum_{l\in L_{ij}} f_{ij}^l = T_{ij}^T + T_{ij}^{ot} + T_{ij}^{vt} \tag{5-20c}$$

$$v_a = \sum_{i\in I}\sum_{j\in J}\sum_{l\in L_{ij}} f_{ij}^l \delta_{ij}^{al} \tag{5-20d}$$

$$f_{ij}^l \geqslant 0 \tag{5-20e}$$

$$T_{ji}^{vt} \geqslant 0 \tag{5-20f}$$

式中：T_{ij}^T——常规公交方式的交通流量，辆/h；

f_{ij}^l——路径 l 上的总交通流量，辆/h。

上述模型中，式(5-20a)、式(5-20b)和式(5-20c)为流量守恒条件，式(5-20d)为路段路径流量关系，式(5-20e)和式(5-20f)为流量非负约束条件。此外，式(5-20a)表示出租车系统达到供需均衡状态时，i 小区产生的乘客需求均能够得到空驶出租车提供的服务。同样，式(5-20b)表示供需均衡状态时，j 小区产生的乘客需求能够得到空驶出租车提供的服务。

对于任意一个数学规划问题而言，其任意局部极小值点均满足一阶条件。也就是说，如果模型[式(5-20)]的一阶最优条件等价于用户最优的均衡条件，那么就表明在任意极小值点上用户均衡条件都是成立的。因此，只需证明模型[式(5-20)]的一阶条件与随机用户均衡条件[式(5-12)]等价，就可以证明模型均衡解的存在。模型[式(5-20)]是一个带线性等式约束和非负约束的极小值问题，可以通过构造广义拉格朗日函数来求解模型的一阶条件，见式(5-21)。

$$L(T_{ji}^{wt},f_{ij}^{l},\alpha_i,\beta_j,u_{ij},\lambda_{ji},\eta_{ij}) = Z + \sum_{i\in I}\alpha_i(\sum_{j\in J}T_{ji}^{wt} - Q_i^{tc}) + \sum_{j\in J}\beta_j(\sum_{i\in I}T_{ji}^{wt} - Q_j^{tc}) + \sum_{i\in I}\sum_{j\in J}u_{ij}(T_{ij}^{T} + T_{ij}^{ot} + T_{ij}^{vt} - \sum_{l\in L_{ij}}f_{ij}^{l}) - \sum_{i\in I}\sum_{j\in J}\lambda_{ji}T_{ji}^{wt} - \sum_{i\in I}\sum_{j\in J}\eta_{ij}f_{ij}^{l} \tag{5-21}$$

式中：α_i、β_j、u_{ij}——分别对应于流量守恒约束[式(5-20a)]、[式(5-20b)]和[式(5-20c)]的拉格朗日乘子；

λ_{ji}、η_{ij}——分别对应流量非负约束[式(5-20e)]和[式(5-20f)]的拉格朗日乘子。

根据卡罗斯—库恩—塔克条件(Karush-Kuhn-Tucker, KKT)，可以得到拉格朗日函数在极值点上必须满足的一阶最优条件为：

$$\frac{\partial L}{\partial T_{ji}^{wt}} = 0,\lambda_{ji}T_{ji}^{wt} = 0,\lambda_{ji} \geqslant 0 \tag{5-22}$$

$$\frac{\partial L}{\partial f_{ij}^{l}} = 0,\eta_{ij}f_{ij}^{l} = 0,\eta_{ij} \geqslant 0 \tag{5-23}$$

由式(5-23)可得：

$$\frac{\partial L}{\partial f_{ij}^{l}} = t_{ij}^{l} - u_{ij} - \eta_{ij} = 0 \tag{5-24}$$

由式(5-23)中的等式 $\eta_{ij}f_{ij}^{l} = 0$ 和不等式 $\eta_{ij} \geqslant 0$ 联合可知，一定有等式 $\eta_{ij} = 0$ 成立，可推得 $t_{ij}^{l} - u_{ij} = 0$ 成立。

可见，数学规划模型[式(5-20)]满足用户最优准则，即

$$\hat{t}_{ij} = \min(t_{ij}^{l}) = u_{ij} \quad l \in L_{ij} \tag{5-25}$$

根据式(5-22)可知：

$$\frac{\partial L}{\partial T_{ji}^{wt}} = t_{ji} + \frac{1}{\theta}\ln T_{ji}^{wt} + \alpha_i + \beta_j - \lambda_{ji} = 0 \tag{5-26}$$

由式(5-22)中的等式 $\lambda_{ji}T_{ji}^{wt} = 0$ 和不等式 $\lambda_{ji} \geqslant 0$ 联合可知，一定有等式 $\lambda_{ji} = 0$ 成立。由此，式(5-26)可以改写为：

$$t_{ji} + \frac{1}{\theta}\ln T_{ji}^{wt} + \alpha_i + \beta_j = 0 \tag{5-27}$$

则进一步推导可得：

$$T_{ji}^{wt} = \exp\{-\theta(t_{ji} + \alpha_i + \beta_j)\} \tag{5-28}$$

将式(5-28)变换为取和式，并且代入式(5-16)得：

$$\sum_{i\in I}\exp\{-\theta(t_{ji} + \alpha_i + \beta_j)\} = \sum_{i\in I}\exp\{-\theta(t_{ji} + \alpha_i)\}\exp(-\theta\beta_j) = Q_j^{tc} \tag{5-29}$$

结合式(5-28)和式(5-29)可得：

$$T_{ji}^{wt} = Q_j^{tc}\frac{\exp\{-\theta(t_{ji} + \alpha_i)\}}{\sum_{q\in I}\exp\{-\theta(t_{jq} + \alpha_q)\}} \tag{5-30}$$

进一步可得：

$$p_{\frac{i}{j}} = \frac{\exp\{-\theta(t_{ji} + \alpha_i)\}}{\sum_{q\in I}\exp\{-\theta(t_{jq} + \alpha_q)\}} \tag{5-31}$$

将式(5-31)与式(5-12)比较可知，模型[式(5-20)]遵循基于 Logit 模型的出行路径选择的原则，满足随机用户均衡条件[式(5-12)]。由此证明，模型[式(5-20)]是一个与随机用户均衡条件等价的数学规划模型。

此外，式(5-20)可以看出，线性约束条件和非负约束条件构成可行域集合，表明该集合

的特征是一个紧致的凸集合。应用 Brouwer 不动点定理,可以推出等价的数学规划模型[式(5-20)]至少有一个解存在,由此可以保证路网均衡解的存在。进一步可知,出行方式的行程时间函数是以路段交通流量作为自变量的严格单调递增函数,可以推得数学规划模型[式(5-20)]有唯一解,即出租车供需均衡模型有唯一的均衡解存在。

5.4.2 模型参数求解

模型[式(5-20)]是双约束交通分布与交通分配相结合的数学规划模型,可以采用迭代平衡方法求解该模型的参数。在式(5-28)中,将 $\exp(-\theta\alpha_i)$ 设为行约束系数 A_i,将 $\exp(-\theta\beta_j)$ 设为列约束系数 B_j,式(5-28)可以采用双约束重力模型来表达,即:

$$T_{ji}^{vt} = A_i B_j \exp(-\theta t_{ji}) \tag{5-32}$$

式中:A_i ——双约束重力模型行约束系数;

B_j ——双约束重力模型列约束系数。

将式(5-16)和式(5-32)结合起来作变换,得:

$$B_j = \frac{Q_j^{tc}}{\sum_{i \in I} A_i \exp(-\theta t_{ji})} \tag{5-33}$$

同理,将式(5-17)和式(5-32)结合起来作变换,得:

$$A_i = \frac{Q_i^{tc}}{\sum_{j \in J} B_j \exp(-\theta t_{ji})} \tag{5-34}$$

在求解参数过程中,首先假定列约束系数 $B_j = 1$,用式(5-34)求解行约束系数 A_i,再将 A_i 代入式(5-33),求得新的 B_j。然后,将前后求得的 B_j 作比较,直到两者的数值结果逼近并且满足迭代停止的条件。最后,得到 B_j 和 A_i 的数值,并依据式(5-32)得到 T_{ji}^{vt} 的结果。

通过比较式(5-31)和式(5-12),α_i 可以解释为出租车等待时间 w_i^t。为了能够准确计算 w_i^t,这里假定:

$$w_i^t = \alpha_i + \Delta \tag{5-35}$$

将式(5-35)两端同时作变换:$\sum_{i \in I} Q_i^{tc} w_i^t = \sum_{i \in I} Q_i^{tc} \alpha_i + \sum_{i \in I} Q_i^{tc} \Delta$,可得:

$$\Delta = \frac{\sum_{i \in I} Q_i^{tc} w_i^t - \sum_{i \in I} Q_i^{tc} \alpha_i}{\sum_{i \in I} Q_i^{tc}} \tag{5-36}$$

假设 $\tau = \exp(-\theta\Delta)$,式(5-36)可以表示为:

$$w_i^t = -\frac{\ln(\tau A_i)}{\theta} \tag{5-37}$$

将式(5-36)代入等式 $\tau = \exp(-\theta\Delta)$ 中,并经过一系列变换可得:

$$\tau = \exp\left\{\frac{-\theta(Num - \sum_{i \in I}\sum_{j \in J} T_{ij}^{ot} t_{ij} - \sum_{j \in J}\sum_{i \in I} T_{ji}^{vt} t_{ji}) - \sum_{i \in I}\sum_{j \in J} Q_{ij}^{tc} \ln A_i}{\sum_{i \in I}\sum_{j \in J} Q_{ij}^{tc}}\right\} \tag{5-38}$$

结合式(5-11),式(5-37)也可以表示为:

$$w_i^t = \frac{1}{2}(w_i^{ct} + w_i^{dt}) = -\frac{\ln(\tau A_i)}{\theta} \tag{5-39}$$

从上述推导中可见，出租车搜索时间以及供需均衡状态下的交通流量分配结果都可以得到。在出租车系统运营指标的基础上，本书将根据算法设计求解巡游子系统和电召子系统的各项运营指标。

5.5　出租车供需均衡模型算法设计

将乘客交通需求模型和出租车交通供给模型结合，运用迭代平衡方法并利用出租车搜索时间与乘客等待时间的关系模型，联合求解模型［式(5-20)］的变量，得到供需均衡状态下出租车系统各类运营指标。迭代算法具体求解过程如下。

步骤1：初始化。

为 $W_i^{cc(r)}$ 和 $W_i^{dc(r)}$ 两个变量赋初始值，r 表示迭代次数，并将初始值记作 $W_i^{cc(0)}$ 和 $W_i^{dc(0)}$，且 T_{ji}^{vt}，并且让 $r=r+1$。

步骤2：更新乘客交通需求模型变量的数值。

将 $W_i^{cc(r)}$ 和 $W_i^{dc(r)}$ 代入广义出行成本函数式(5-1)、式(5-2)和式(5-3)中，更新出行方式的效用 $V_{ij}^{cc(r)}$、$V_{ij}^{dc(r)}$ 和 $V_{ij}^{T(r)}$，而后运用巢式 Logit 模型更新 $P_{ij}^{cc(r)}$ 和 $P_{ij}^{dc(r)}$。在此基础上，运用式(5-6)和式(5-7)分别计算并更新 $Q_{ij}^{cc(r)}$ 和 $Q_{ij}^{dc(r)}$ 的数值。

步骤3：更新出租车搜索时间变量的数值。

(1)求解随机用户均衡模型(5-20)。

运用迭代平衡方法求解路网供需均衡模型，可以得到 $A_i^{(r)}$、$B_j^{(r)}$ 和 $T_{ji}^{vt(r)}$ 的数值。然后将 $A_i^{(r)}$、$B_j^{(r)}$、$T_{ji}^{vt(r)}$、$Q_{ij}^{cc(r)}$ 和 $Q_{ij}^{dc(r)}$ 等变量的数值代入式(5-39)中，可以得到含两个未知量 $w_i^{ct(r)}$ 和 $w_i^{dt(r)}$ 的方程。

(2)更新相应的关系模型。

将 $T_{ji}^{vt(r)}$ 和 $Q_{ij}^{cc(r)}$ 代入式(5-18)或者将 $T_{ji}^{vt(r)}$ 和 $Q_{ij}^{dc(r)}$ 代入式(5-19)，然后更新相应的变量，可以得到含两个未知变量 $w_i^{ct(r)}$ 和 $w_i^{dt(r)}$ 的方程。

(3)联立并求解。

联立(1)和(2)中的方程，求解不同交通小区对应的 $w_i^{ct(r)}$ 和 $w_i^{dt(r)}$ 的数值。

步骤4：更新乘客等待时间变量的数值。

将出租车搜索时间 $w_i^{ct(r)}$ 和 $w_i^{dt(r)}$ 代入式(5-14)和式(5-15)的关系模型中。然后更新乘客等待时间变量 $W_i^{cc(r)}$ 和 $W_i^{dc(r)}$ 的数值。

步骤5：检验。

迭代停止的条件如下：

$$\frac{\sqrt{\sum_i [W_i^{cc(r+1)}-W_i^{cc(r)}]^2}}{\sum_i W_i^{cc(r)}} \leqslant \varepsilon \quad 和 \quad \frac{\sqrt{\sum_i [W_i^{dc(r+1)}-W_i^{dc(r)}]^2}}{\sum_i W_i^{dc(r)}} \leqslant \varepsilon$$

这里，ε 是算法实现收敛的条件，如果上述条件得以满足，则迭代停止执行。否则，让 $r=r+1$ 并且再次进入步骤2重新迭代计算。

5.6 出租车供需均衡模型算例研究

5.6.1 基础参数设置

针对上述模型，本节设计了算例路网并对路网参数进行设置，讨论了随机用户均衡模型的算例结果。参数取值为：乘客车内时间成本系数为20元/h，乘客等待时间成本系数为25元/h。乘客等待时间的初始值为5min。电召模式的预约费用为0.5元。巡游模式的时间成本系数为50元/h，电召模式的时间成本系数为60元/h。研究时段为1h。出租车总量假定为1200辆。以图5-4的路网为研究对象，包括4个交通小区。图5-4中节点代表交通小区，弧线代表交通小区之间的邻接关系，箭头代表道路的方向。假定驾驶员搜索乘客的行为发生在交通小区内。

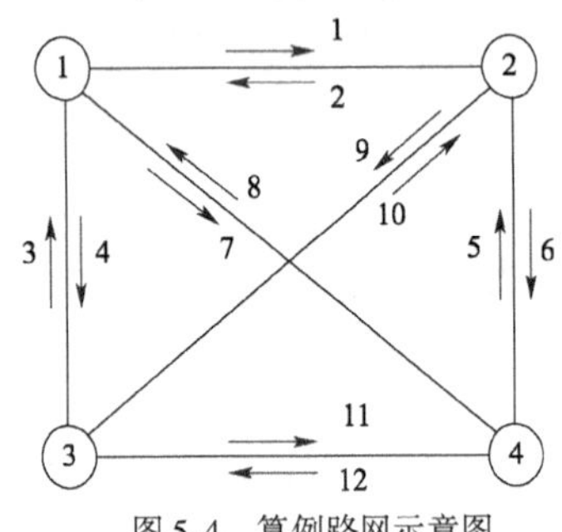

图5-4 算例路网示意图

本书对算例分析涉及的总交通需求矩阵作如下假定，见表5-2。

交通小区之间的总交通需求分布矩阵（单位：人/h） 表5-2

Q_{ij}^{c}	1	2	3	4	总计
1	0	55	40	30	125
2	40	0	25	60	125
3	35	30	0	50	115
4	30	70	55	0	155
总计	105	155	120	140	520

本书对算例分析中OD对间最短行程时间作了如下假定，见表5-3。

OD对间最短行程时间（单位：h） 表5-3

t_{ij}	1	2	3	4
1	0	0.17	0.42	0.23
2	0.28	0	0.25	0.52
3	0.53	0.25	0	0.77
4	0.28	0.45	0.70	0

5.6.2 算例结果分析

当算例路网中出租车总量为1200辆时，图5-5 a)、b)分别表示不同服务模式对应的平均乘客等待时间和出租车搜索时间的变化情况。

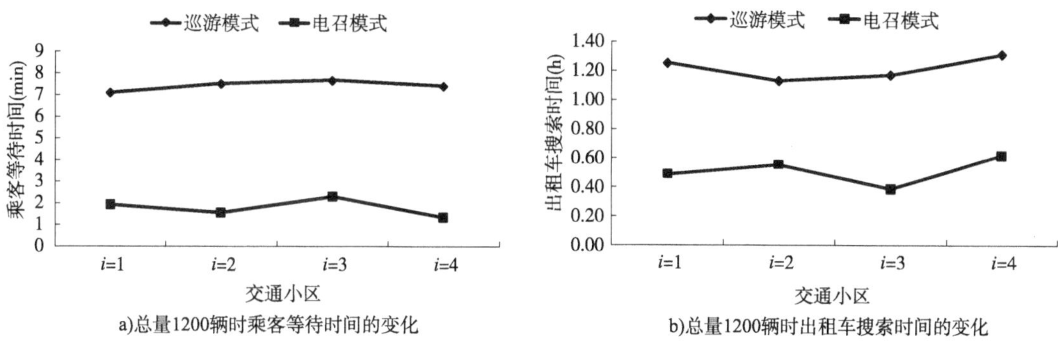

图5-5　出租车总量为1200辆时对应的乘客等待时间和出租车搜索时间的变化

从图5-4可见,在4个交通小区中,巡游模式的乘客等待时间均比电召模式的乘客等待时间更长。选择巡游模式的出租车搜索时间也比电召模式的出租车搜索时间更长。因此,与电召模式相比,巡游模式中出租车与乘客相遇所花费的时间将会更长。这可能要归因于巡游模式是一种随机性较大的服务模式,出租车驾驶员搜索乘客过程中,由于驾驶员与乘客之间存在着信息不对称的弊端,导致彼此之间的相遇存在盲目性。这种服务模式有时可能将上一个乘客送达目的地,很快就会遇到下一个乘客,有时也可能在道路上寻找较长时间都等不到乘客,因此,就某个交通小区而言,巡游模式的平均乘客等待时间和出租车搜索时间可能都会更长。在电召模式中,由于驾驶员与乘客之间的信息互通以及临时约定,使出租车搜索时间会下降。由于电召服务模式为乘客下单后,都是为距离乘客最近的出租车分配运输任务,此时尽管乘客需要等待但是等待时间也会相对降低。基于上述分析可知,乘客是否能够及时了解附近区域的供给信息,而驾驶员是否能够实时明确周边路段和小区内的需求信息,也就是如何提高乘客与驾驶员之间的信息对称性,将有助于很好地改善出租车系统的服务水平和服务质量。

为了研究参数的变化对供需均衡模型的影响,本书对出租车总量这个参数作了灵敏度分析。图5-6分别给出了出租车总量变化与巡游模式和电召模式的乘客等待时间之间的关系。

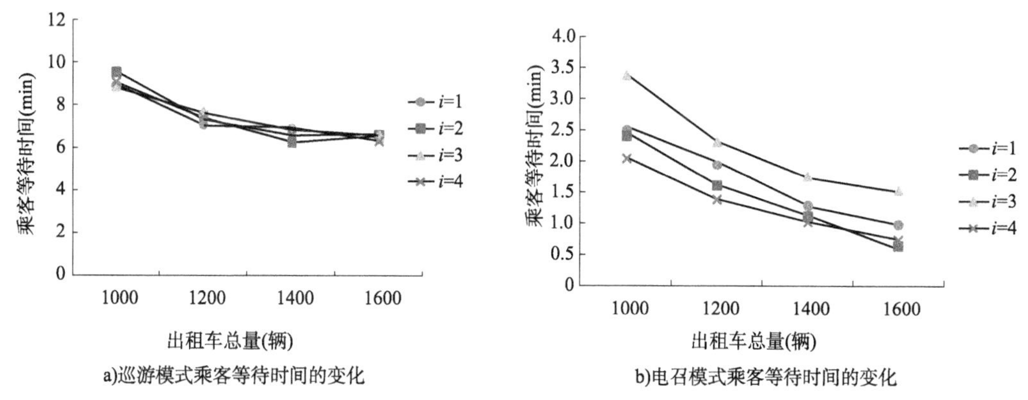

图5-6　出租车总量的变化与不同服务模式的乘客等待时间的关系

图 5-5a)表明出租车总量与巡游模式的乘客等待时间的变化关系。从图 5-5a)可见,4 个交通小区中乘客等待时间均为正值,伴随着出租车总量的增加呈现非线性递减的变化趋势。但是等待时间仍较长,这说明采用增加出租车总量的方法不一定会改善出租车系统的服务水平,因为这种方法所产生的边际效应是呈现递减趋势的。图 5-6b) 表明出租车总量与电召模式的乘客等待时间的变化关系。同样,从图 5-6b)可见,4 个小区中乘客等待时间也都为正值,并且随着出租车总量的增加呈现非线性递减的变化趋势。

图 5-7 分别给出了出租车总量变化与巡游模式和电召模式的出租车搜索时间之间的关系。

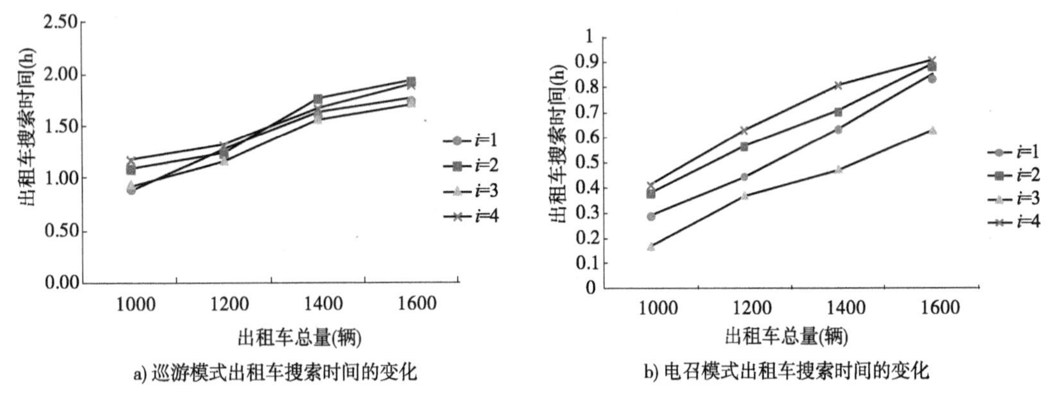

图 5-7 出租车总量的变化与不同服务模式的出租车搜索时间的关系

图 5-7a)表明出租车总量与巡游模式的出租车搜索时间的变化关系。从图 5-6a)可见,4 个交通小区中出租车搜索时间均为正值,伴随着出租车总量的增加呈现非线性递增的变化趋势。这可能归因于出租车数量上的增加仅仅提高了选择提供巡游服务的出租车的可用率,但却不能降低巡游服务的出租车搜索时间,也就无法改善巡游模式的服务质量。图 5-7b) 表明出租车总量与电召模式的出租车搜索时间的变化关系。同样,从图 5-7b)可见,4 个小区中出租车搜索时间也都为正值,并且随着出租车总量的增加呈现非线性递增的变化趋势。这主要归因于出租车数量的增加导致出租车系统中出现了更高的供给水平和更差的服务质量。

图 5-8 表示不同服务模式被选择的概率与出租车总量变化的关系。

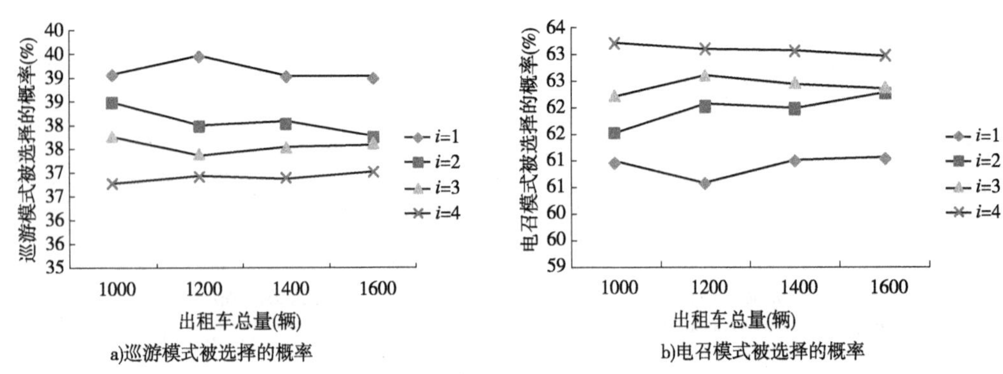

图 5-8 出租车总量的变化与服务模式被选择概率的关系

从图中可见，随着出租车总量增加，两种服务模式被选择的概率均无明显改变。与电召模式相比，巡游模式被选择的概率相对更小。

5.7　实 证 研 究

5.7.1　试验路网参数设置

本书选取哈尔滨市道外区部分路段构成的局域路网作为试验路网，完成出行者行为影响实证研究。试验路网具体的范围包括：由红旗大街—东直路交叉口至红旗大街—卫星路交叉口的红旗大街路段、红旗大街—卫星路交叉口至南直路—卫星路交叉口的卫星路路段、南直路—卫星路交叉口至南直路—东直路交叉口的南直路路段以及南直路—东直路交叉口至红旗大街—东直路交叉口的东直路路段等4条主要路段所包围的道外区局域路网，试验路网的示意图如图5-9所示。

图5-9　哈尔滨市道外区试验路网图

根据图5-9中道路的分布情况，本书将其简化为图5-10所示的路网形式。图5-10道路网络主要由主干路路段和支路路段及其交叉口构成，图中共有总计13个交叉口和36条路段。

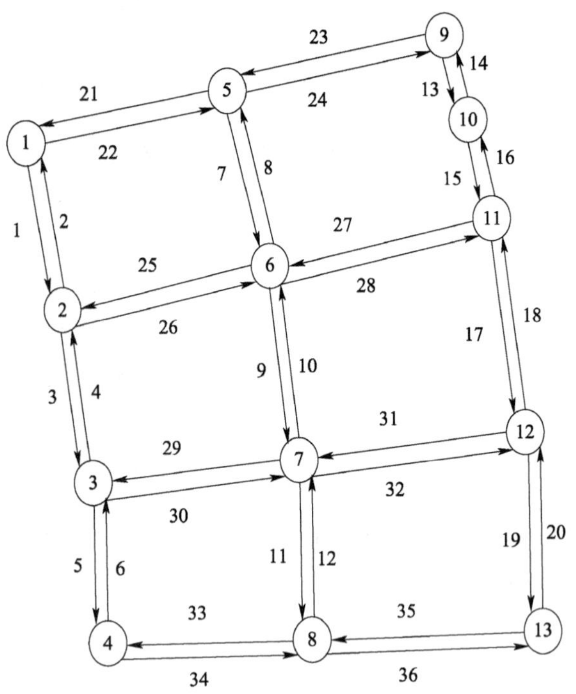

图 5-10　试验路网简化示意图

路网中路段行程时间可以采用 BPR(Bureau of Public Roads,BPR)函数确定。该函数由美国公路局开发并在实践中得到了广泛应用。

BPR 函数形式为:

$$t_a(v_a) = t_a^0\left[1 + \zeta\left(\frac{v_a}{C_a}\right)^{\psi}\right] \tag{5-40}$$

式中:t_a^0——路段 a 上自由流行程时间,h;

C_a——路段 a 的道路通行能力,pcu/h;

v_a——路段 a 上的交通流量,辆/h。

本书实证分析的研究对象是城市道路系统,在计算路段行程时间时不能直接套用 BPR 函数的公式。冯雨芹利用哈尔滨市不同类型道路在正常条件下的浮动车调查数据对 BPR 函数作了参数标定,标定结果为:

(1)主干路的自由流行程时间为 $t'_a = 57.1$ s/km,$\zeta = 1.47$,$\psi = 4$;

(2)支路的自由流行程时间为 $t'_a = 75.3$ s/km,$\zeta = 1.38$,$\psi = 3$ 。

由此,BPR 函数的表达转变为:

$$t'_a(v_a) = t'_a\left[1 + \zeta\left(\frac{v_a}{C_a}\right)^{\psi}\right] \tag{5-41}$$

式中:t'_a——自由流状态下的单位里程行程时间,s/km;

$t'_a(v_a)$——单位里程行程时间,s/km。

试验路网中各条路段的名称以及属性参数列于表 5-4 中。

试验路网的路段名称和属性参数　　表5-4

编号	名称	类别	起点	终点	长度(m)	自由流时间(s)	通行能力(pcu/n)
1	红旗大街	主干路	1	2	810	46.25	3600
2	红旗大街	主干路	2	1	810	46.25	3600
3	红旗大街	主干路	2	3	550	31.41	3600
4	红旗大街	主干路	3	2	550	31.41	3600
5	红旗大街	主干路	3	4	620	35.40	3600
6	红旗大街	主干路	4	3	620	35.40	3600
7	宏伟路	支路	5	6	1100	82.83	900
8	宏伟路	支路	6	5	1100	82.83	900
9	宏伟路	支路	6	7	570	42.92	900
10	宏伟路	支路	7	6	570	42.92	900
11	宏伟路	支路	7	8	540	40.66	900
12	宏伟路	支路	8	7	540	40.66	900
13	南直路	主干路	9	10	380	21.70	3600
14	南直路	主干路	10	9	380	21.70	3600
15	南直路	主干路	10	11	720	41.11	3600
16	南直路	主干路	11	10	720	41.11	3600
17	南直路	主干路	11	12	570	32.55	3600
18	南直路	主干路	12	11	570	32.55	3600
19	南直路	主干路	12	13	540	30.83	3600
20	南直路	主干路	13	12	540	30.83	3600
21	东直路	主干路	5	1	360	20.56	2700
22	东直路	主干路	1	5	360	20.56	2700
23	东直路	主干路	9	5	360	20.56	2700
24	东直路	主干路	5	9	360	20.56	2700
25	宏图街	支路	6	2	560	42.17	900
26	宏图街	支路	2	6	560	42.17	900
27	宏图街	支路	11	6	1000	75.30	900
28	宏图街	支路	6	11	1000	75.30	900
29	大有坊街	支路	7	3	560	42.17	900
30	大有坊街	支路	3	7	560	42.17	900
31	大有坊街	支路	12	7	960	72.29	900
32	大有坊街	支路	7	12	960	72.29	900
33	卫星路	支路	8	4	630	47.44	900
34	卫星路	支路	4	8	630	47.44	900
35	卫星路	支路	13	8	960	72.29	900
36	卫星路	支路	8	13	960	72.29	900

本书将图5-9中1、3、4、9、12和13等交通小区选作研究对象。每个小区既是交通需求产生小区,又是交通需求吸引小区。由这6个小区构成的OD对之间的交通需求分布情况见表5-5。其中,交通需求表示出租车和常规公交需求的总量。出租车出行方式又包括巡游服务模式和电召服务模式两类。

不同交通小区的总交通需求矩阵(单位:人/h)　　表5-5

Q_{ij}^{c}	1	3	4	9	12	13	总计
1	0	500	200	200	100	150	1150
3	400	0	150	250	200	100	1100
4	200	100	0	500	100	250	1150
9	100	200	300	0	200	150	950
12	250	200	150	200	0	200	1000
13	150	300	250	250	200	0	1150
总计	1100	1300	1050	1400	800	850	6500

针对哈尔滨市出租车市场和试验路网的实际情况,本书涉及的参数取值具体如下:根据哈尔滨市的经济发展状况,选择出租车方式的乘客的行程时间价值参数设为20元/h,等待时间价值参数设为25元/h。电召模式的出租车用户通过电话预约,需花费的通信费用设为0.5元。根据表5-4可知,平均乘客等待时间初始值设为5min。为方便模型的计算和分析,本书对出租车运价结构作简化,忽略起步价格的影响,将里程价格系数转换为时间价格系数。依据表5-4可知,哈尔滨市出租车的平均运行速度为25.48km/h,里程价格系数为1.9元/km,则转换后的时间价格系数约为50元/h。根据哈尔滨市出租车市场运营的实际情况可知,电召出租车的运价水平一般要比巡游出租车的运价水平高。因此,本书将巡游出租车的时间价格系数设为50元/h,将电召出租车的时间价格系数设为60元/h。作供需均衡模型的结果分析时,将出租车总量设为11000辆,作模型的灵敏度分析时,将出租车总量设为10000辆、11000辆、12000辆、13000辆和14000辆。

5.7.2 实证研究结果分析

当出租车总量为11000辆时,在6个交通小区中,图5-10表明分别选择巡游模式和电召模式的平均乘客等待时间的变化情况,图5-11反映的是分别选择巡游模式和电召模式的出租车驾驶员搜索时间的变化情况。

从图5-11可见,选择巡游模式的乘客等待时间均比电召模式的乘客等待时间更长。从图5-12可见,选择巡游模式的出租车搜索时间均比电召模式的出租车搜索时间更长。与电召模式相比,巡游模式中出租车与乘客相遇所花费的时间更长。从本质上讲,图5-11和图5-12反映的是基于巢式Logit模型所作的出行方式划分影响着交通需求的弹性变化,进而在供需均衡状态下影响着出租车供给的变化。因此,在总需求和总供给不变并且供需均衡状态成立时,效用值较小的巡游模式的交通需求较小,效用值较大的电召模式的交通需求相对较大。

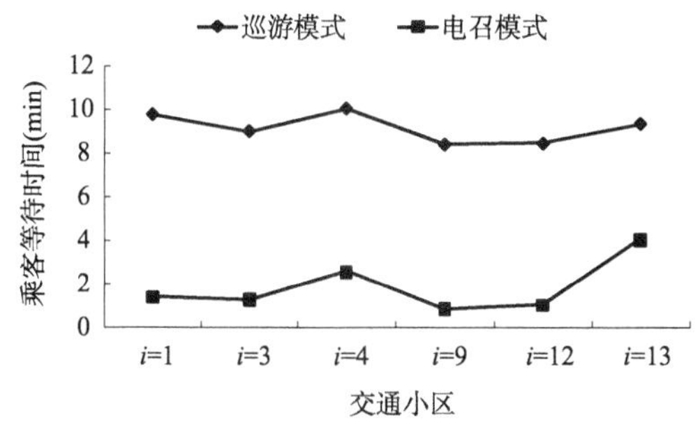

图 5-11 交通小区的变化与乘客等待时间的关系

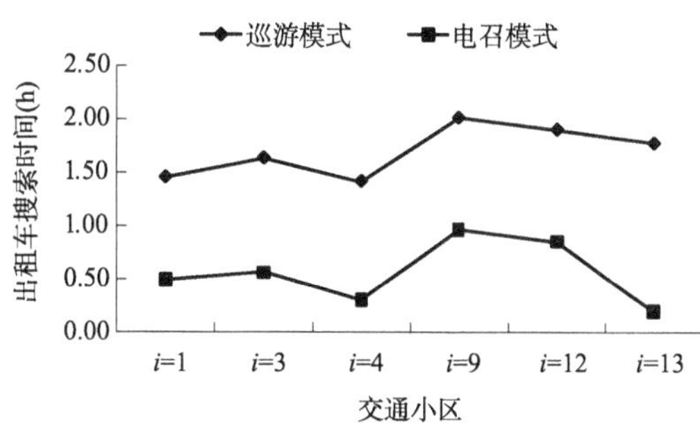

图 5-12 交通小区的变化与出租车搜索时间的关系

表5-6给出在6个交通小区中,供需均衡状态成立时,出租车巡游模式和电召模式分别对应的交通需求值。从表5-6可见,与巡游模式相比,电召模式的交通需求更大。这也直接表明了选择提供电召服务的出租车搜索时间更小。进一步分析可知,当出租车系统达到供需均衡状态时,电召模式和巡游模式都能够实现各自的供需均衡状态。基于此,两种服务模式中,电召模式的交通需求相对更大一些,其出租车供给量也会更大,选择接受电召模式的乘客等待时间则会更小一些。这个结论与图5-10结论吻合。

巡游模式和电召模式对应的交通需求矩阵(单位:人/h) 表5-6

需求	小区					
	$i=1$	$i=3$	$i=4$	$i=9$	$i=12$	$i=13$
Q_i^{cc}	437	418	416	416	430	393
Q_i^{dc}	545	507	437	486	448	472
Q_i^{tc}	982	925	853	902	878	865

图5-13给出了不同交通小区中出租车选择服务模式的概率。从图5-12可见,系统达到均衡状态时,出租车选择电召模式的概率均大于选择巡游模式的概率,也就是说,服务于电召模式的出租车供给量大于巡游模式供给量。这个结论与电召模式有较大的交通需求结论相吻合。

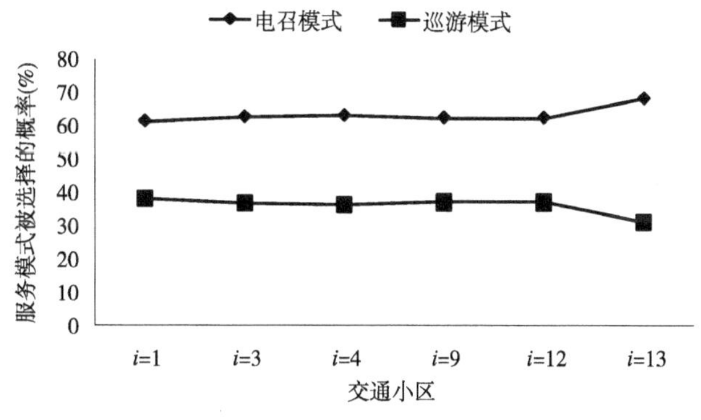

图 5-13 交通小区的变化与服务模式被选择概率的关系

将出租车总量分别取为10000辆、11000辆、12000辆、13000辆和14000辆时作灵敏度分析。图5-14表明不同交通小区中出租车总量与电召模式搜索时间两者之间呈现的关系。

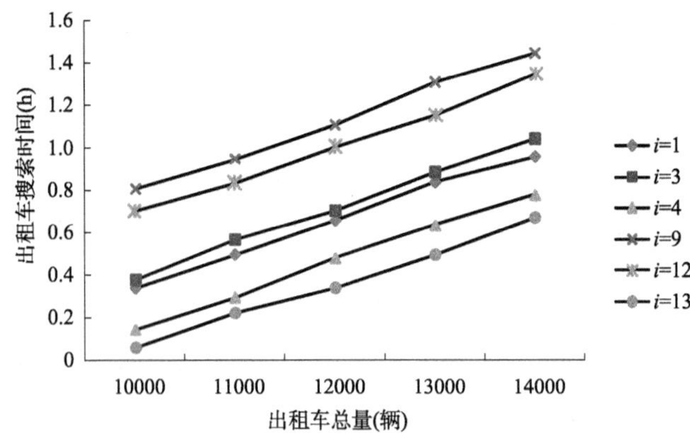

图 5-14　出租车总量的变化与电召模式搜索时间的关系

从图 5-14 可见,6 个交通小区中电召模式的出租车搜索时间均为正值,并且伴随出租车总量的增加而呈现非线性增加的趋势。这可能归因于出租车数量上的增加仅仅提高了选择提供电召服务的出租车的可用率,但却不能降低电召服务的出租车搜索时间,也就无法改善电召模式的服务质量。图 5-14 的变化趋势表明了在出租车系统中电召服务的需求量小于其供给量。以某出租车总量为例,图 5-14 表明不同交通小区中电召模式搜索时间也是不同的。这主要是因为在不同交通小区中选择电召模式的乘客数量和提供电召服务的出租车数量也都是不同的。其中,小区 9 的出租车搜索时间最长,小区 13 的出租车搜索时间最短。此外,对于相同的出租车总量而言,电召模式搜索时间在不同交通小区中的最大差距至少达到 0.7h,表明出租车系统的服务质量与交通小区的特征有关。

图 5-15 给出了不同交通小区中出租车总量变化与巡游模式的出租车搜索时间之间呈现的关系。6 个交通小区中巡游模式搜索时间也均为正值,但是伴随出租车总量的增加而呈现非线性增加的变化趋势。这主要归因于出租车数量上的增加导致出租车系统中出现了更高的供给水平和更差的服务质量。仍以某出租车总量为例,图 5-15 表明不同交通小区中巡游模式搜索时间也是不同的。其中,小区 9 的出租车搜索时间最长,小区 4 的出租车搜索时间最短。对于相同的出租车总量而言,其出租车搜索时间在不同交通小区中的最大差距至少达到 0.6h。将图 5-13 和图 5-14 结合可以看出,巡游模式搜索时间均大于电召模式搜索时间,反映了出租车系统中电召模式的服务质量要好于巡游模式的服务质量。

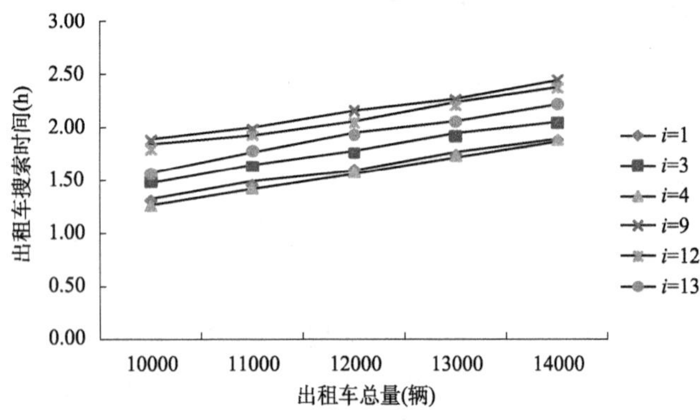

图 5-15　出租车总量的变化与巡游模式搜索时间的关系

图5-16描述了不同服务模式被选择的概率与出租车总量增长之间的关系。图5-16表明随着出租车总量的增加,两种服务模式被选择的概率没有明显变化。而且,与电召模式相比,巡游模式被选择的概率相对来说更小。

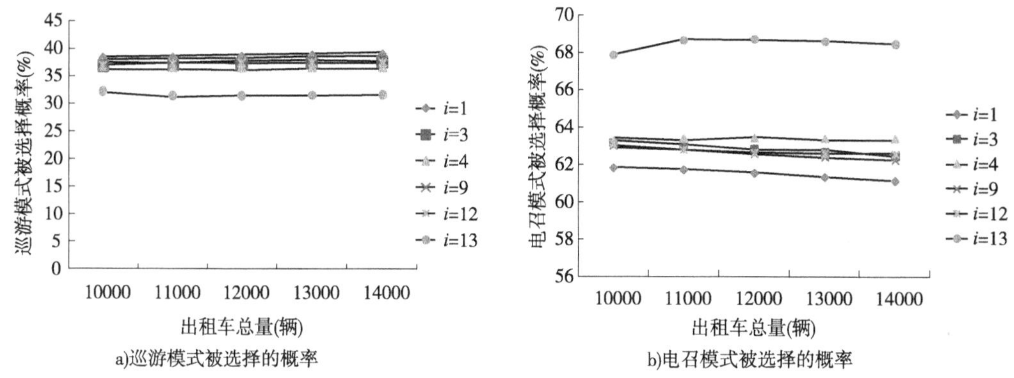

图5-16 出租车总量的变化与服务模式被选择概率的关系

图5-17给出了不同交通小区中出租车总量与总出租车搜索时间两个变量呈现的关系。

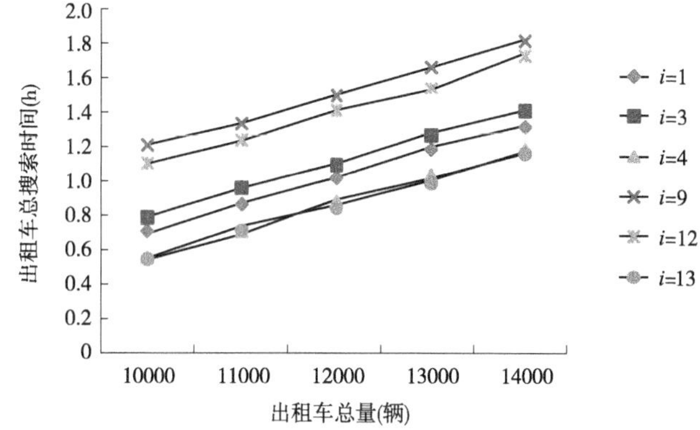

图5-17 出租车总量的变化与总出租车搜索时间的关系

从图5-17可见,6个交通小区中总出租车搜索时间均为正值,并且随着出租车总量的增加而呈现非线性增加的变化趋势。这主要归因于在出租车系统中,增加的出租车总量大都处于空车行驶并正在搜索乘客的状态。换句话说,增加的这部分出租车数量能够增强系统中出租车的可用性,但却无法表明服务质量也同样可以得到改善。出租车供给与乘客需求之间的复杂关系主要由出租车市场和路网条件来决定。就每个交通小区而言,当交通小区的路网环境和交通需求保持不变时,该小区的出租车总搜索时间与出租车供给之间也呈现出非线性函数关系。在出租车总量保持不变的情况下,不同交通小区的总出租车搜索时间均不同,这主要归因于各交通小区的交通需求和路网环境(主要体现为路径行程时间和小区内的候车时间等)都是不同的。当研究相同的出租车总量时,小区9的总出租车搜索时间最长,小区13的总出租车搜索时间最短,而小区4和小区13两者的数值近似相等。此外,不同交通小区总出租车搜索时间的最大差距可以达到30min以上。这就意味着交通小区自身的特征会影响出租车的可用性和系统服务水平。

图5-18表明了出租车总量与巡游模式的乘客等待时间之间的变化关系。从图5-17可见,6个交通小区中乘客等待时间均为正值,并且随着出租车总量的增加而呈现非线性递减

的变化关系，由此表明：在改善出租车系统的服务质量方面，采用提高出租车总量的方法所产生的边际效应是呈现递减趋势的。当研究相同的出租车总量时，小区 4 的巡游模式乘客等待时间最长，小区 9 的巡游模式乘客等待时间最短，而小区 9 和小区 12 两者的数值近似相等。该指标在不同交通小区的最大差距在 3min 左右，并且随着出租车总量的增加不同小区中该指标的差异性呈现逐渐减小的趋势。这表明出租车总量增大的过程中出租车在各交通小区的分布以及利用情况将会相差不多，主要以乘客等待时间差异性减小的变化趋势来体现。

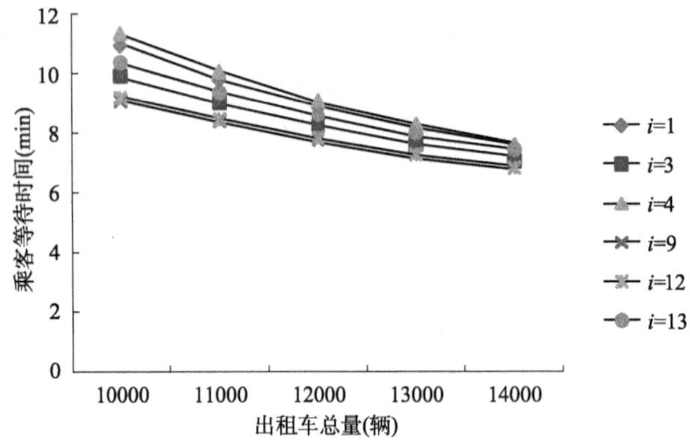

图 5-18　出租车总量的变化与巡游模式乘客等待时间的关系

图 5-19 给出了不同交通小区出租车总量与电召模式的乘客等待时间之间呈现的变化趋势。从图 5-18 中可以看出，6 个交通小区中乘客等待时间均为正值，并且随着出租车总量的增加而呈现非线性递减的变化趋势。当研究相同的出租车总量时，小区 13 的巡游模式乘客等待时间最长，小区 9 的巡游模式乘客等待时间最短。该指标在不同交通小区的最大差距在 6min 左右，并且随着出租车总量的增加该指标的差异性也呈现逐渐减小的趋势。

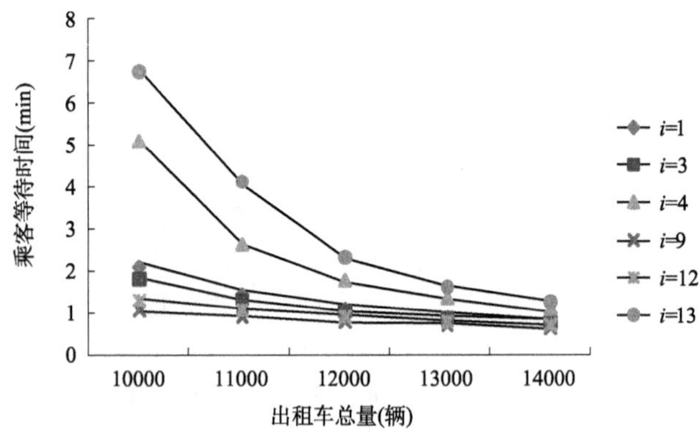

图 5-19　出租车总量的变化与电召模式乘客等待时间的关系

5.8　本章小结

本章应用期望效用函数和 Logit 模型分别构建了考虑出行者行为影响的乘客交通需求模型和交通供给模型，分别阐述了巡游模式和电召模式在交通需求和交通供给模型中的特征。在此基础上,构建了路网随机用户均衡条件、出租车服务时间、出租车系统供需均衡、巡游模式供需均衡和电召模式供需均衡等多种关系模型。建立了等价数学模型,设计了基于迭代平衡的乘客等待时间和驾驶员搜索时间等指标的求解算法,研究了简单路网构成的算例。最后,运用实际路网,并采集了实际路网的数据,完成了实证分析,验证了模型的效果。

第6章

基于数据包络分析(DEA)的出租车公司运营效率评价

以受管制和混合服务模式的出租车市场作为研究背景,本章运用绩效评价方法分析出租车公司的运营行为对资源利用效率的影响,构建基于DEA方法的绩效评价模型和基于标杆学习的改善模型,讨论投入产出指标的变化,揭示出租车公司绩效低下的原因并为其指明努力改善的方向,为出租车公司资源的有效利用和管理措施的实施提供有的放矢的参考。

6.1 数据包络分析理论适用性分析

出租车公司运营行为包括服务模式选择和资源投入决策两类。服务模式运营行为可以体现为配套设施设置和服务规则制定等,资源投入行为主要体现为根据当前市场状况和企业自身规模,对需要投入的各种资源作决策。这两类行为的变化间接地影响着出租车公司的资源利用效率,也就是企业的绩效。对企业的运营绩效作出评判,有助于企业掌握自身投入产出的利用状况,为企业反馈有价值的运营信息,进而有助于企业有的放矢地掌握运营状况。基于此,本书将分析出租车公司服务模式选择和资源投入决策行为对运营绩效产生的影响。

数据包络分析方法最早出现在Charnes等于1978年发表在欧洲运筹学杂志的文献中,目前已经成为系统性能评价、标杆学习以及决策制定等方面强有力的研究工具,并且在诸如交通运输、银行和医院等多个领域得到了广泛应用。DEA是一类非参数方法,主要利用数学规划模型构建有效生产前沿面,并估计多个输入与输出之间的关系,进而评价决策对象的相对绩效。

在DEA研究背景下,决策对象统称为决策单元。生产前沿面既可以解释为从给定的输入组合中如何获取最大化的输出结果,又可以解释为如何最小化模型的输入来获取给定的输出结果。在决策单元的输入输出转换过程中,将要评价的决策单元的生产函数与有效生产前沿面作比较来计算该决策单元的相对绩效值。因此,DEA的核心是在给定的评价系统状态下,找到最有效的或者最佳的决策单元及其生产前沿面。其他决策单元的非有效程度可以依据其生产函数偏离有效生产前沿面的距离来衡量。从评价对象生产能力的角度看,适用于DEA模型的绩效指标一般包括技术绩效、分配绩效和成本绩效三种类型。其中,技术绩效是最常用的绩效指标,类似于物质生产力,一般是指在生产过程中资源得到最优利用情况。此外,一旦DEA模型以最小成本作前提假设,也可以得到分配绩效和成本绩效指标。

成本绩效是指如何选择模型的输入来获取最小的生产成本,一般用技术绩效指标与分配绩效指标的乘积来计算。

应用 DEA 方法时,首先建立系统的生产可能集合,然后应用 DEA 效率指标来评判生产系统的绩效。DEA 绩效是一个考虑多投入的企业绩效评价概念,可以表示为生产系统实际产出水平与前沿面产出水平的比值。DEA 方法评判的生产系统绩效一般具有如下性质:

(1)该绩效是在决策单元之间作相互比较得到的,是一种相对绩效。

(2)该绩效不能刻画生产系统随时间变化而发生的转变,是一种静态绩效。

(3)该绩效是针对特定的生产可能集合得到的数值,绩效值会随着生产系统的改变而发生改变。

基于此,本书将构建基于 DEA 方法的出租车公司绩效评价模型,探讨运营行为对出租车公司运营决策的影响,从而为提升资源的利用效率并降低公司的运营成本提供理论支撑。

6.2 问题分析与描述

模型构建的背景作如下假设:

假设一:在出租车系统中,政府实施价格监管、准入监管和数量监管等策略。

假设二:在出租车系统中,出租车公司提供巡游服务模式和电召服务等多种模式。这些混合服务模式可供出行者作出行方式选择,选择行为的假设与第 5 章相同。

假设三:在出租车系统中,为提高生产系统的产出绩效,出租车公司需要根据出租车市场和自身运营状况对运营策略进行选择决策,并能够有针对性地改变运营策略,以便提高资源的利用效率。以出租车公司的运营行为作为研究对象,本章将讨论这种行为对出租车资源利用效率的影响。

经济学的生产理论表明:寻找各种投入之间存在的最佳配置状态,可以帮助企业在成本一定的前提假设下实现产出最大化,或者产出保持不变的情况下保证所付出的成本最小化。通常,出租车公司负责向出租车市场投入资源,通过生产过程的转化,获取服务的产出结果,因此它也适合运用生产率来衡量企业的资源配置状态。一般情况下,可以采用运营效率或者绩效指标来衡量。为衡量出租车公司的生产率,本书将采用绩效指标作评价。绩效评价不仅有助于寻找出租车公司发展的薄弱环节,降低出租车公司的运营成本并改善公司的获利能力,还可以为政府提供出租车系统发展的科学建议,为行业管理和企业发展提供有力的理论支撑。

目前,绩效评价方法主要运用系统工程学的主观评分方法和客观评分方法。其中,客观评分方法又包括参数分析方法和非参数分析方法两类。以数据包络分析方法为代表的一类非参数方法可以客观地给出绩效评价结论,并且不需要明确待评价对象的内部函数结构,方法应用简单可行。

本章所用的变量符号名称和变量含义汇总见表 6-1。

变量名称和含义汇总表　　表 6-1

名称	变量含义	名称	变量含义
N	决策单元总数(个)	M	输入指标数量(个)
S	输出指标数量(个)	θ_0	决策单元 DMU_0 输入指标的缩减比例
x_{mn}	第 n 个决策单元的第 m 个输入	x_{m0}	决策单元 DMU_0 第 m 个输入
y_{sn}	第 n 个决策单元的第 s 个输出	y_{s0}	决策单元 DMU_0 的第 s 个输出
λ_n	第 n 个决策单元的对偶权重值	e_n	交叉效率模型的评价结果
T_{mn}	第 n 个无效决策单元的第 m 个输入变量对应的改善目标值	IV_{Bk}^{m}	第 k 个标杆对应的第 m 个输入变量值
λ_{Bk}	第 k 个标杆对应的对偶权重值	K	各参考集合中标杆的总量(个)

6.3 考虑运营行为影响的出租车公司绩效评价模型

以 DEA 方法的建模思想为依据,本章将分别从决策单元构建、模型类型选择、模型参数分析、投入产出指标选择等方面构建出租车公司运营行为影响模型。

6.3.1 决策单元构建

采用 DEA 方法进行绩效评价的模型,所要研究的基本对象就是决策单元(Decision Making Unit, DMU)。决策单元是指可以相互比较并且性质相同的待评价对象所构成的数据集合。决策单元的同质性是指要求各决策单元实体都能够具有如下的特征:

(1)决策单元应该拥有相同的要实现的目标;

(2)决策单元应该拥有统一的外部运营环境;

(3)决策单元应该拥有相同的投入产出指标,并且这些指标具有相同的量纲。

结合本书的研究内容,由日常运营数据构成的出租车公司单元可以用来构建 DEA 方法的决策单元,原因在于这些数据的共同特征是运营的城市相同、运营管理的环境相同、运营服务的消费对象相同,符合作为 DEA 模型决策单元的基本条件。

6.3.2 DEA 模型选择

DEA 模型的选择需要考虑两类因素:一方面,DEA 的模型导向影响着绩效评价模型的正确构建;另一方面,DEA 模型基本假设也会影响评价模型的构建。

模型导向一般包括以输入为导向和以输出为导向两类。这两类导向的优化目标不同。其中,以输入为导向的 DEA 模型优化目标是在保证输出不变的情况下,寻找模型输入的最小缩减比例;以输出为导向的 DEA 模型优化目标是在保证输入不变的情况下,寻找模型输出的最大扩大比例。通常,在选择模型导向的类别时,绩效评价指标的行为假设应该与模型的优化目标相互吻合。例如,成本绩效指标的行为假设是使评价对象的成本实现最小化,而技术绩效指标的行为假设是使投入资源的利用效率达到最大化。与本书的研究内容结合可知,与出租车市场的不确定性产出相比,出租车公司对资源投入量作决策或者采取某种运营策略的行为更容易改变或者加以控制,可以选择以输入为导向的 DEA 模型来研究出租车公司的绩效评价问题。

一般情况下,DEA 模型的前提假设有两类,分别是固定规模收益(Constant Returns to Scale, CRS)和可变规模收益(Variable Returns to Scale, VRS)。前者假设要评价的对象处于最佳规模状态,后者假设要评价的对象处于实际规模状态。另外,CRS 绩效指标与 VRS 绩效指标的比值是规模绩效(Scale Efficiency,SE)指标。规模绩效的取值包括两种情况:如果规模绩效值等于1,表示要评价的对象在 CRS 假设下成立,并且当前的系统规模呈现有效状态;如果规模绩效值小于1,表示要评价的对象在 VRS 假设下成立,并且当前的系统规模呈现无效状态。与本书的研究内容结合,如果规模绩效值小于1,表明出租车公司当前处于无效规模状态下运营,需要采取措施改善运营绩效;如果规模绩效值出现大于1的情况,表明模型未考虑的其他外部因素致使模型出现了绩效较差的结果。通常,以 CRS 作基础假设构建的 DEA 模型是 CCR 模型(由 A. Charnes, W. W. Cooper 和 E. Rhodes 创立,简称 CCR 模型);以 VRS 作基础假设构建的 DEA 模型是 BCC 模型(由 Banker, A. Charnes 和 W. W. Cooper 创立,简称 BCC 模型)。基于此,以全面考虑 DEA 模型的假设为前提,本章将选用以输入为导向的 CCR 模型和 BCC 模型对出租车公司的绩效作评价。

假定一个数据集合有 N 个决策单元,用 DMU_n 表示($n=1,...,N$)。每个 DMU_n 都可以将 M 个不同的输入转换为 S 个不同的输出。将某 DMU_n 的绩效定义为该决策单元的总加权输出与总加权输入的比值。假定 DMU_0 表示要评价的对象 DMU_n 中的任意一个。

通常,运用 DEA 模型作系统的绩效评价时,可以将实际问题抽象为线性规划数学模型,然后再对其进行求解,有时还需要转换为对偶规划模型来进行求解。根据 Charnes 等(1978)的研究,以输入为导向的 CCR 模型可以表达为:

$$\min\theta_0$$

$$\left.\begin{aligned} \text{s.t.}\quad & \sum_{n=1}^{N} x_{mn}\lambda_n \leqslant \theta_0 x_{m0} \quad (m=1,...,M) \\ & \sum_{n=1}^{N} y_{sn}\lambda_n \geqslant y_{s0} \quad (s=1,...,S) \\ & \lambda_n \geqslant 0 \quad (n=1,...,N) \end{aligned}\right\} \tag{6-1}$$

式中: θ_0 ——决策单元 DMU_0 输入指标的缩减比例,其最优解即为 DMU_0 的绩效;

x_{mn} 、y_{sn} ——分别表示第 n 个决策单元的第 m 个输入和第 s 个输出;

x_{m0} 、y_{s0} ——分别表示决策单元 DMU_0 的第 m 个输入和第 s 个输出;

λ_n ——第 n 个决策单元的对偶权重值。

θ_0 的取值一般分为两种情况:当 θ_0 等于1时,决策单元 DMU_0 有效,其输入输出组合位于 DEA 模型的生产前沿面上,也就是说,无须再减少投入的资源数量就可以使决策单元的输出达到最优状态;当 θ_0 小于1时,决策单元 DMU_0 无效,其输入输出组合位于 DEA 模型的生产前沿面内,此时需要减少投入的资源数量才能使决策单元达到最优状态。CCR 模型的评价结果称为总技术绩效(Global Technical Efficiency, GTE),也可以称为综合绩效指标。

根据 Banker 等(1984)的研究,以输入为导向的 BCC 模型表示为:

$$\min\theta_0$$

$$\left.\begin{aligned}
&s.t. \quad \sum_{n=1}^{N} x_{mn}\lambda_n \leqslant \theta_0 x_{m0} \quad (m=1,\ldots,M)\\
&\sum_{n=1}^{N} y_{sn}\lambda_n \geqslant y_{s0} \quad (s=1,\ldots,S)\\
&\sum_{n=1}^{N} \lambda_n = 1\\
&\lambda_n \geqslant 0 \quad (n=1,\ldots,N)
\end{aligned}\right\} \tag{6-2}$$

式(6-2)模型变量的解释同式(6-1)。式(6-2)的前两个约束与式(6-1)相同,加上第 3 个约束,就可以保证 DEA 模型的规模可变假设成立。BCC 模型评价结果称为局部纯技术绩效指标(Local Technical Efficiency,PTE),也称为纯技术绩效指标。

虽然 CCR 模型能够获得 DMU_n 的绩效值,但却无法在 DMU_n 之间作绩效值的比较和排序。为了克服这种局限性,交叉效率模型(Cross-efficiency Model, CEM)应运而生,主要思想是在评价某个决策单元的绩效时,不仅使用自身的最优输入输出权重值,也要使用其他所有决策单元的权重值。就某个给定的目标单元而言,其他所有单元的最佳权重值都要参与该目标单元的计算。因此,交叉效率值是融合了其他单元信息的综合评价结论。

交叉效率模型的评价矩阵通常可以表达为:

$$E = \begin{bmatrix} E_{11} & E_{12} & \cdots & E_{1n} \\ E_{21} & E_{22} & \cdots & E_{2n} \\ \cdots & \cdots & \cdots & \cdots \\ E_{n1} & E_{n2} & \cdots & E_{nn} \end{bmatrix}$$

矩阵主对角线元素反映的是利用 CCR 模型得到的决策单元自身的评价结果,非主对角线元素反映的是融合其他决策单元信息的评价结果。第 n 列是决策单元对 DMU_n 的评价值,第 n 行表示 DMU_n 对其他决策单元的评价值。交叉效率模型得到的结果用 e_n 值表示,即:

$$e_n = \frac{1}{N}\sum_{k=1}^{N} E_{kn} \tag{6-3}$$

式中:e_n ——交叉效率模型得到的绩效结果;

E_{kn} ——交叉效率模型评价矩阵元素。

此方法中,由于决策单元都是在同一个权重集合基础上计算绩效值的,因此决策单元的结果之间具有可比性,交叉效率值越高表明决策单元的绩效越好。但是,这个模型也有自身的局限性,即从 CCR 模型得到的最优权重值可能不唯一,这会导致评价结果比较武断。基于此,结合文献广泛采纳的增强权重值的方法,本章将应用基于积极改善策略的交叉效率模型作出租车公司绩效评价及排序问题研究。

6.3.3 DEA 模型指标体系构建

对出租车公司作绩效评价时,如何构建评价模型的指标体系也会影响模型结果的准确性。基于 DEA 方法的投入和产出评价指标的选取,虽然没有统一的标准,但是一般也围绕

着指标的选取数量、出租车公司的产出特征和具体评价指标三个主要内容来考虑。下面就这些内容作具体说明:

就指标的选取数量而言,需要考虑的影响因素是 DEA 模型的投入产出变量的数量与决策单元数量之间的关系。根据 Golany 等(1989)的研究,这两者关系的确定应该符合的经验原则是决策单元的数量必须超过 DEA 模型的投入变量和产出变量数量乘积的两倍。本书将选择 10 个决策单元作为绩效评价的算例样本,经由上述经验原则的检验可以确定待构建的指标体系应包含的指标数量边界值。

接下来,分析出租车公司的产出特征。绩效评价的主要内容是衡量服务提供者的生产能力,而生产能力评价需要关注产出特征。出租车公司的产出一般是指在生产运营过程中,运营企业获得的收益。产出一般分为数量性产出和质量性产出。行驶里程、营运收入、服务频次等指标常被用作数量性产出,平均运送速度和平均等待时间等指标常被用作质量性产出。本书要研究的内容是将出租车公司视作服务的提供者,用出租车服务的数量性产出结果来衡量生产者的经济效益或运营绩效。因此,本书选用营运收入和服务频次等数量性指标作为 DEA 模型的产出指标。

针对要评价的对象和评价目标,需要选用具体的投入产出指标来构建指标体系。根据 Borger 等(2002)可知,基于 DEA 方法的绩效评价模型需要考虑节约运营成本的因素,通常选用劳动力、投入的资金和投入的能源等因素作为投入指标。结合文献的选取建议,本章将出租车数量和出租车油耗费用选作指标体系投入指标。两者均属于资金类别的变量,可以反映出租车公司的资源投入情况。产出指标选用服务频次和营运收入。指标数量与决策单元数量关系符合上述原则。

构建的指标体系如下:出租车数量和油耗费用作为 DEA 模型的投入指标,出租车服务频次和出租车营运收入作为产出指标。表 6-2 为投入产出指标及其含义。

指标体系及其含义 表 6-2

评价内容	指标体系	单位	定义
绩效评价	产出指标:		
	服务频次	次/天/车	单车日均服务次数
	营运收入	元/天/车	单车日均营运收入
	投入指标:		
	出租车数量	辆/天	日均运营出租车数量
	油耗费用	元/车/日	单车日均油耗费用

本书以哈尔滨市 10 个出租车公司的运营数据用作案例分析数据,研究出租车公司的绩效评价问题。这 10 个公司构成的决策单元集合见表 6-3。

绩效评价决策单元 表 6-3

DMU_m	出租车公司	投入指标		产出指标	
		出租车数量(辆/天)	油耗费用(元/天/车)	服务频次(次/天/车)	营运收入(元/车/日)
DMU_1	LY	681	197.82	34.04	1246.01
DMU_2	DZ	343	191.21	33.50	573.40

续上表

DMU_m	出租车公司	投入指标		产出指标	
		出租车数量（辆/天）	油耗费用（元/天/车）	服务频次（次/天/车）	营运收入（元/车/日）
DMU_3	SY	200	220.14	36.00	543.79
DMU_4	LYQC	438	203.06	35.09	592.77
DMU_5	ZS	320	290.08	36.06	573.80
DMU_6	BH	216	179.08	32.13	528.35
DMU_7	FX	280	242.72	36.36	621.89
DMU_8	FY	213	196.94	36.76	559.36
DMU_9	CY	236	210.23	38.24	610.46
DMU_{10}	TE	196	188.26	32.95	510.80

表6-4给出了10个公司评价指标数据的统计描述特征。统计分析主要涉及均值、标准偏差、最大值和最小值等。投入指标特征反映了出租车公司采取运营策略的行为特征，产出指标反映了出租车公司的运营产出情况。

投入产出指标的统计描述特征 表6-4

评价内容	指标	均值	标准偏差	最大值	最小值
绩效评价	产出指标：				
	服务频次（次/天/车）	35.11	1.92	38.24	32.13
	营运收入（元/车/日）	636.06	217.12	1246.01	510.80
	投入指标：				
	出租车数量（辆/天）	312.34	150.89	681.00	196.00
	油耗费用（元/天/车）	211.95	32.82	290.08	179.08

基于此，以10个出租车公司的运营数据作案例分析数据，运用以输入为导向的DEA模型和交叉效率模型来评价出租车公司的绩效。后文还将针对绩效评价结果提出定量化的绩效改善措施。

6.4 出租车公司绩效评价与分析

6.4.1 基于CCR模型的绩效评价与分析

在绩效评价中，虽然使用的评价指标相同，但不同的出租车公司会根据自身的经营状况和企业的经济实力而采取不同的运营策略，由此反映了出租车公司的行为会对出租车服务带来不同程度的影响。这些运营策略在出租车市场中实施效果的好坏还需要通过评价模型作出检验和评判。本章将利用Matlab软件对出租车公司绩效评价模型求解，并讨论评价结果的实际意义。

本书利用 CCR 对偶规划模型计算出租车公司的绩效,结果见表 6-5。其中,第 2 列表示绩效指标的最优解,第 3 ~6 列表示对偶规划模型松弛变量的最优解,第 7 列表示模型取得最优解时对应的权重和,最后一列是经过判断得到的规模收益评判结果。当决策单元的 $\sum\lambda_m$ 为 1 时,表明运营规模处于最佳状态,符合 CRS 假设;当决策单元的 $\sum\lambda_m$ 大于 1 时,表明规模收益呈现递减状态;当决策单元的 $\sum\lambda_m$ 小于 1 时,表明规模收益呈现递增状态。

基于 CCR 对偶规划模型的绩效评价结果　　表 6-5

DMU_m	θ_0	S_1^-	S_2^-	S_1^+	S_2^+	$\sum\lambda_m$	规模经济
LY	1.000	0.000	0.000	0.000	0.000	1.000	不变
DZ	0.946	87.970	0.000	0.000	0.000	0.918	递增
SY	1.000	0.000	0.000	0.000	0.000	1.000	不变
QC	0.932	165.785	0.000	0.000	0.000	0.961	递增
ZS	0.688	0.000	0.000	0.710	0.000	0.980	递增
BH	0.976	0.000	0.000	0.000	0.000	0.862	递增
FX	0.869	0.000	0.000	1.968	0.000	1.004	递减
FY	1.000	0.000	0.000	0.000	0.000	1.000	不变
CY	1.000	0.000	0.000	0.000	0.000	1.000	不变
TE	0.985	0.000	0.000	0.670	0.000	0.919	递增

从表 6-5 可见,LY、SY、FY 和 CY 对应的模型最优解均为 1,表明这些公司达到相对 DEA 有效状态。表征的现实意义为:假设这 4 个公司投入的资源数量保持不变,它们在出租车市场中的产出水平已经达到相对最优状态。还可以看出,对于 LY、SY、FY 和 CY 四个公司而言,CCR-DEA 模型的最优解 θ_0 均为 1,并且这些决策单元松弛变量的最优解也全部为零,即上述单元均为 DEA 有效。这表明了这些公司的实际运营中,如果投入的资源保持不变,可以实现最优的产出水平(经济效益)。从 10 个决策单元的最优解来看,绩效达到相对 DEA 有效的出租车公司比例占 40%,相对 DEA 无效的比例为 60%;DEA 模型的绩效指标值大于 0.9 的比例为 80%,其余的比例为 20%。这表明虽然大多数出租车公司的资源配置率已经达到较高水平,但是还未实现相对最佳状态,仍需要采取有效措施提升现有的改善空间。此外,从表 6-5 还可以看出,处于规模收益不变状态的出租车公司有 4 个,即 LY、SY、FY 和 CY;处于规模收益递增状态的出租车公司有 5 个,这说明要想提高整体的绩效,大部分公司还需要扩大生产规模;剩余的 1 个公司处于规模收益递减状态,主要原因可能是资源的过度投入已经超出了公司本身的承受能力,致使整体的绩效较低,此时应尽可能采取正确措施保证出租车公司处于固定规模状态或者扩大公司的生产规模。最后,就选用的 2 个输入指标变量而言,日均油耗基本不存在冗余,其松弛变量的最优解全部为零;DZ 和 LYQC 公司的日均营运出租车数量仍存在冗余,其松弛变量的最优解分别为 87.9707 辆/日和 165.7849 辆/日,这表明在该公司的运营中有资源浪费或者利用效率较低的现象存在。

6.4.2 基于 BCC 模型的绩效评价与分析

上述 CCR 模型得到的是综合绩效指标结果，本节将利用 BCC 模型从纯技术绩效角度给出评价结果，并与综合绩效结合分析出租车公司的规模绩效水平，见表 6-6。

基于 CCR 和 BCC 模型的出租车公司绩效评价结果　　表 6-6

DMU_m	GTE（CCR 模型）	PTE（BCC 模型）	SE
LY	1.000	1.000	1.000
DZ	0.946	0.967	0.978
SY	1.000	1.000	1.000
QC	0.932	0.942	0.989
ZS	0.688	0.689	0.998
BH	0.976	1.000	0.976
FX	0.869	0.871	0.997
FY	1.000	1.000	1.000
CY	1.000	1.000	1.000
TE	0.985	1.000	0.985

从表 6-6 可见，与综合绩效值相比，纯技术绩效值更好。在决策单元中，LY、SY、FY 和 CY 的 CCR 和 BCC 模型的绩效值均为 1，说明这 4 个公司运营策略的实施效果既实现了总体技术有效，又实现了纯技术有效，是绩效最佳的 4 个公司。通过比较纯技术绩效值与规模绩效值可以发现，BH 和 TE 等 2 个公司的 PTE 值大于 SE 值，表明导致这 2 个公司综合绩效较差的可能原因是现有生产规模较小，可以扩大生产规模来实现相对绩效提升的目的。DZ、QC、ZS 和 FX 等 4 个公司的 PTE 值要小于 SE 值，表明出租车公司投入产出绩效较低，投入的资源没有获得应有的产出水平，因此要么减少当前投入的出租车数量，确保实现较好的绩效水平，要么保证投入的资源数量不变，想办法提高资源的利用效率，尽可能提升服务的产出水平。

6.4.3 基于交叉效率模型的绩效评价与分析

为了实现决策单元之间绩效的比较和排序，本章将采用交叉效率模型来分析出租车公司的运营绩效。表 6-7 分别给出了交叉效率模型和 CCR 对偶规划模型的计算结果。同 CCR 模型相同的是，交叉效率模型给出的结果也是综合绩效指标值。表格第 1 列给出按照交叉效率模型综合绩效值作降序排列的序号，第 2 列为综合绩效值对应的决策单元，第 3 列为基于交叉效率模型得到的综合绩效评价结果，第 4 列为 CCR 模型综合绩效评价结果，第 5 列是对两种模型评价结果作标准偏差分析。

基于交叉效率和 CCR 模型的出租车公司绩效评价结果　　表 6-7

排　　序	DMU_m	交叉效率值	GTE(CCR 模型)	标准偏差
1	FY	0.941	1.000	0.173
2	CY	0.925	1.000	0.166
3	TE	0.906	0.985	0.168
4	BH	0.895	0.976	0.158
5	SY	0.892	1.000	0.181
6	LY	0.836	1.000	0.284
7	FX	0.783	0.869	0.142
8	DZ	0.729	0.946	0.154
9	QC	0.649	0.932	0.169
10	ZS	0.637	0.688	0.115

从表 6-7 可以看出,在应用交叉效率模型分析后,交叉效率评价结果最好的公司是 FY,其相对绩效值为 0.941,而评价结果最差的公司是 ZS,其相对绩效值为 0.637。FY 和 CY 分别排在表格第 3 列的上部,其 CCR 模型结果均等于 1,可以说明无论使用哪种模型计算,这两个出租车公司的运营绩效均较高。此外,表 6-7 中的第 5 列给出了交叉效率模型和 CCR 模型评价结果的标准差。可以看出,LY 的标准偏差最高,数值是 0.284,说明与其他决策单元相比,LY 的运营绩效值具有最大的不确定性,可能受环境或其他因素的影响而发生较大变化。

6.4.4 出租车公司绩效评价结论

本书参考张春勤等(2015)的研究结论,对出租车公司的 CCR 模型评价结果给出相应结论,见表 6-8。

出租车公司绩效评价结果　　表 6-8

DMU_m	绩　　效	评 价 类 别	DMU_m	绩　　效	评 价 类 别
LY	1.000	高绩效	BH	0.976	相对有效
DZ	0.946	相对有效	FX	0.869	相对有效
SY	1.000	高绩效	FY	1.000	高绩效
QC	0.932	相对有效	CY	1.000	高绩效
ZS	0.688	相对有效	TE	0.985	相对有效

从表 6-8 可见,根据绩效评价指标的划分标准,出租车公司被划分为高绩效和相对有效两类。其中,高绩效的公司包括 LY、SY、FY 和 CY;相对有效的公司包括 DZ、QC、ZS、BH、FX 和 TE。对于那些相对有效的出租车公司而言,本书建议其加大科技资源的投入力度,利用科学技术手段和各种科技信息来增强管理水平,提高出租车的运营调度水平,从而提高出租车的服务质量。

6.5 出租车公司绩效改善与分析

在评价出租车公司绩效时，给出绩效评价结果并不是主要目的，能够提供定量的改进方法，为出租车公司绩效提升作出有益的贡献才具有实际意义。基于此，本书分别运用 CCR 对偶规划模型和标杆学习方法研究绩效改善问题。

6.5.1 基于 CCR 模型的绩效改善与分析

根据 DEA 方法的评价准则，计算结果为相对 DEA 有效的决策单元无须再改善，其投入产出绩效已经达到最佳状态，这正是绩效提升的努力方向。对于相对 DEA 无效的决策单元而言，本节将利用 CCR 对偶规划模型获得指标的调整方向和调整数值。

评价结果为相对 DEA 无效的决策单元，可以通过寻找 DEA 模型相对有效平面上的投影值来调整投入产出指标的取值，由此为决策单元提供向相对 DEA 有效转变的努力方向。在 DEA 方法的研究背景下，投影值是指为使决策单元的绩效达到相对最优状态，采用 CCR 对偶规划模型计算并调整，得到的投入和产出指标的数值。基于此，投影定理可以描述为投影值所代表的新的决策单元相对于原有决策单元来说是相对 DEA 有效的。本节利用这种改善方法来获得那些相对 DEA 无效决策单元的指标调整过程，具体数值见表 6-9。

相对 DEA 无效决策单元的指标调整情况 表 6-9

DMU_m	投入指标		产出指标
	出租车数量(辆/天)	油耗费用(元/天/车)	服务频次(次/天/车)
DZ	0.946 ×343-87.97	0.946 ×191.21	—
QC	0.932 ×438-165.79	0.932 ×203.06	—
ZS	0.688 ×320	0.688 ×290.08	36.06 +0.71
BH	0.976 ×216	0.976 ×179.08	—
FX	0.869 ×280	0.869 ×242.72	36.36 +1.97
TE	0.985 ×196	0.985 ×188.26	32.95 +0.67

表 6-10 给出了无效决策单元在指标调整前后的对比结果。调整后的指标构成的新评价体系能够使各决策单元达到相对 DEA 有效。从表中可以看出，产出指标仅需要改善服务频次指标。并且，现有的 6 个无效决策单元对应的投入指标均存在冗余，投入的资源都没有得到充分利用。表 6-10 指明了各出租车公司应该作出的调整策略。

投入产出指标调整前后的对比情况 表 6-10

DMU_m	投入指标		产出指标
	出租车数量(辆/天)	油耗费用(元/天/车)	服务频次(次/天/车)
DZ	前:343 后:237	前:191.21 后:180.88	前:33.50 后:33.50
QC	前:438 后:242	前:203.06 后:189.25	前:35.09 后:35.09

续上表

DMU$_m$	投入指标		产出指标
	出租车数量(辆/天)	油耗费用(元/天/车)	服务频次(次/天/车)
ZS	前:320 后:220	前:290.08 后:199.58	前:36.06 后:36.77
BH	前:216 后:211	前:179.08 后:174.78	前:32.13 后:32.13
FX	前:280 后:243	前:242.72 后:210.92	前:36.36 后:38.33
TE	前:196 后:193	前:188.26 后:185.44	前:32.95 后:33.62

6.5.2 基于标杆学习的绩效改善与分析

美国施乐公司在1979年首先创造了标杆学习理论,这个理论是西方发达国家企业管理中支持企业改进和获得竞争优势的重要管理方法之一。该方法主要是通过在同行中寻找一流的公司,研究其成功的实践经验,并将之作为本企业学习的榜样,督促本企业不断分析、判断和改进,从而实现创造优秀业绩的目标。本节将运用标杆学习方法来研究绩效的定量改善问题,确保绩效实现有效地提升。

所谓标杆是指在所有待评价对象中绩效达到最佳的决策单元,运用绩效评价方法可以得到标杆。标杆确立的主要目的是为那些无效的决策单元提供学习的目标和对象,以期获得绩效的提升方向和改善措施。在DEA方法的研究背景下,对绩效最佳的决策单元进行探索,可以得到标杆的本质特征和价值所在,有助于提供合理的指标改善建议。

运用标杆学习方法来改善评价指标是本节的主要内容。首先,运用DEA模型获得决策单元的绩效值,确定并区分有效和无效的决策单元,为无效的决策单元提供标杆的信息。其次,将DEA模型的对偶权重值看作对应标杆的贡献值(即技术权重值),并将全部标杆的贡献值构建为一个集合,这个集合即被称为无效决策单元的参考集合。最后,以参考集合作为计算依据,确定出租车绩效的努力目标,进而为无效决策单元提供定量的改善建议。由于CCR对偶规划模型不仅能够计算决策单元的绩效值,也可以得到技术权重值,因此本节将运用该模型来确定出租车公司绩效评价的参考集合。

以CCR对偶规划模型结果作基础,从表6-5中可以看出LY、SY、FY和CY是绩效最佳的4个决策单元,因此可以将其视作其他出租车公司绩效改善的标杆。这4个决策单元的对偶权重值也因此构成了其他无效决策单元的参考集合。得到参考集合后,确定出租车公司投入指标的改善目标是下一步要作的工作。通过改善目标的确立,那些无效的决策单元不但有了努力的方向,而且了解了与改善目标之间的差距,有助于出租车公司实现绩效的提升。标杆学习方法将CCR对偶规划模型的权重值构建参考集合,为投入指标的改善目标构建模型,计算公式为:

$$T_{mn}=\sum_{k=1}^{K}\lambda_{Bk}IV_{Bk}^{m}\quad (m=1,\cdots M\quad n=1,\cdots,N)\tag{6-4}$$

式中:T_{mn}——第n个无效决策单元的第m个输入变量对应的改善目标值;

IV_{Bk}^{m}——第k个标杆对应的第m个输入变量值;

λ_{Bk}——第k个标杆对应的对偶权重值;

K——参考集合中标杆的数量。

以 10 个出租车公司构成的决策单元为基础,运用 CCR 对偶规划模型计算得到的权重矩阵见表 6-11。

基于 CCR 对偶规划模型的权重矩阵 表 6-11

DMU_m	LY	DZ	SY	QC	ZS	BH	FX	FY	CY	TE
LY	1.000	0.087	0.000	0.081	0.000	0.040	0.014	0.000	0.000	0.000
DZ	0.000	0.000	0.000	0.000	0.000	0.000	0.000	0.000	0.000	0.000
SY	0.000	0.000	1.000	0.000	0.000	0.000	0.000	0.000	0.000	0.197
QC	0.000	0.000	0.000	0.000	0.000	0.000	0.000	0.000	0.000	0.000
ZS	0.000	0.000	0.000	0.000	0.000	0.000	0.000	0.000	0.000	0.000
BH	0.000	0.000	0.000	0.000	0.000	0.000	0.000	0.000	0.000	0.000
FX	0.000	0.000	0.000	0.000	0.000	0.000	0.000	0.000	0.000	0.000
FY	0.000	0.830	0.000	0.880	0.480	0.459	0.000	1.000	0.000	0.722
CY	0.000	0.000	0.000	0.000	0.500	0.364	0.990	0.000	1.000	0.000
TE	0.000	0.000	0.000	0.000	0.000	0.000	0.000	0.000	0.000	0.000

表 6-11 中着重显示的数字表示 LY、SY、FY 和 CY 等 4 个标杆在各个出租车公司绩效提升过程中的贡献值。从表 6-11 各列来看,4 个标杆只在自身对应的位置上权重值为 1。对于各无效的决策单元而言,这 4 个标杆分别出现小于 1 的不同数值,即表明各标杆的贡献程度有所不同。标杆的权重值组建后就可以得到表 6-12 所示的参考集合。

标杆学习方法构建的参考集合 表 6-12

DMU_m	出租车公司	参考集合(LY;SY;FY;CY)
DMU_1	LY	(1.000;0.000;0.000;0.000)
DMU_2	DZ	(0.087;0.000;0.830;0.000)
DMU_3	SY	(0.000;1.000;0.000;0.000)
DMU_4	QC	(0.081;0.000;0.880;0.000)
DMU_5	ZS	(0.000;0.000;0.480;0.500)
DMU_6	BH	(0.040;0.000;0.459;0.364)
DMU_7	FX	(0.014;0.000;0.000;0.990)
DMU_8	FY	(0.000;0.000;1.000;0.000)
DMU_9	CY	(0.000;0.000;0.000;1.000)
DMU_{10}	TE	(0.000;0.197;0.722;0.000)

从表 6-12 可见,参考集合均是由 4 个标杆对应的对偶权重值构成。观察表 6-12 中的各行,在无效决策单元的参考集合中,不等于零的权重值表示在实现绩效提升过程中每个标杆产生的贡献程度。以决策单元 BH 为例,标杆 LY 权重值是 0.040,标杆 SY 权重值是 0,标杆 FY 权重值是 0.459,标杆 CY 权重值是 0.364。可见,在 BH 公司绩效提升的学习进程中,贡献程度最大的是 FY 公司,最小的是 SY 公司。观察表 6-12 中的各列,同一标杆对决策单元的贡献程度也不同。例如,LY 公司是 4 个无效决策单元的标杆,贡献值分别是 0.087、0.081、0.040 和 0.014;SY 公司仅为 TE 公司的标杆,贡献值为 0.197;FY 公司是 5 个无效决策单元的标杆,贡献值分别是 0.830、0.880、0.480、0.459 和 0.722;CY 公司是 3 个无效决策

单元的标杆，贡献值分别是0.500、0.364和0.990。

以表6-12数据为基础，运用式(6-4)得到绩效指标的改善目标。例如，以BH决策单元为例，基于标杆学习方法的改善模型计算得到的出租车数量目标值以及计算过程如下：

$$0.040 \times 681 + 0 \times 200 + 0.459 \times 213 + 0.364 \times 236 = 210.911$$

基于标杆学习的改善模型计算得到的出租车油耗费用目标值为：

$$0.040 \times 197.82 + 0 \times 220.14 + 0.459 \times 196.94 + 0.364 \times 210.23 = 174.832$$

无效决策单元的改善目标计算结果列在表6-13中。表中第3列是出租车数量的原指标值，第4列是经标杆学习改善后的出租车数量目标值，第5列是出租车油耗费用的原指标值，第6列是经标杆学习改善后的油耗费用目标值。第4列和第6列数据成为投入指标的改善目标和努力方向。

出租车公司投入指标的改善情况　　表6-13

DMU_m	出租车公司	出租车数量（辆/天）	出租车数量改善值（辆/天）	油耗费用（元/天/车）	油耗费用改善值（元/天/车）
DMU_2	DZ	343	236	191.21	180.67
DMU_4	QC	438	243	203.06	189.33
DMU_5	ZS	320	220	290.08	199.65
DMU_6	BH	216	211	179.08	174.83
DMU_7	FX	280	243	242.72	210.90
DMU_{10}	TE	196	193	188.26	185.56

从表6-13可见，经由标杆学习方法得到的改善值均比原数值小，被浪费的资源数量为目标值与原值的差值。其中，DZ、QC和ZS等公司的出租车数量指标浪费较为严重，分别是107辆、195辆和100辆。而ZS和FX等公司的油耗费用指标浪费较为严重，分别为90.43元和31.82元。这些出租车公司亟待采取合理的运营策略提升自身的绩效，才能有效地控制运营成本。在无效决策单元中，TE公司是唯一一个对指标改善最小公司，即出租车数量仅需减小3辆，油耗费用仅需减小2.7元。

6.5.3 绩效改善的效果验证

以表6-10数据作为依据，使用新指标重新构建决策单元集合，见表6-14。

基于CCR对偶规划模型的新决策单元集合　　表6-14

DMU_m	出租车公司	投入指标		产出指标	
		出租车数量（辆/天）	油耗费用（元/天/车）	服务频次（次/天/车）	营运收入（元/车/日）
DMU_1	LY	681	197.82	34.04	1246.01
DMU_2	DZ	237	180.88	33.50	573.40
DMU_3	SY	200	220.14	36.00	543.79
DMU_4	QC	242	189.25	35.09	592.77
DMU_5	ZS	220	199.58	36.77	573.80

续上表

DMU_m	出租车公司	投入指标		产出指标	
		出租车数量（辆/天）	油耗费用（元/天/车）	服务频次（次/天/车）	营运收入（元/车/日）
DMU_6	BH	211	174.78	32.13	528.35
DMU_7	FX	243	210.92	38.33	621.89
DMU_8	FY	213	196.94	36.76	559.36
DMU_9	CY	236	210.23	38.24	610.46
DMU_{10}	TE	193	185.44	33.62	510.80

以表6-13的数据作为依据，使用调整后的投入产出指标重新构建新决策单元集合。这个集合见表6-15。

基于标杆学习方法的新决策单元集合 表6-15

DMU_m	出租车公司	投入指标		产出指标	
		出租车数量（辆/天）	油耗费用（元/天/车）	服务频次（次/天/车）	营运收入（元/车/日）
DMU_1	LY	681	197.82	34.04	1246.01
DMU_2	DZ	236	180.67	33.50	573.40
DMU_3	SY	200	220.14	36.00	543.79
DMU_4	QC	243	189.33	35.09	592.77
DMU_5	ZS	220	199.65	36.06	573.80
DMU_6	BH	211	174.83	32.13	528.35
DMU_7	FX	243	210.90	36.36	621.89
DMU_8	FY	213	196.94	36.76	559.36
DMU_9	CY	236	210.23	38.24	610.46
DMU_{10}	TE	193	185.56	32.95	510.80

为检验上述两种改善方法的有效性，再次运用CCR模型重新作评价。表6-16给出了运营效率评价模型的改善结果。

基于标杆学习方法的改善效果验证 表6-16

DMU_m	θ_0	S_1^-	S_2^-	S_1^+	S_2^+	$\Sigma\lambda_j$	规模效益
LY	1.0000	0	0	0	0	1	不变
DZ	1.0000	0	0	0	0	1	不变
SY	1.0000	0	0	0	0	1	不变
QC	0.99877	0.6641	0	0	0	1.0365	递减
ZS	1.0000	0	0	0	0	1	不变
BH	0.99825	0	0	0	0	0.9246	递增
FX	1.0000	0	0	0	0	1	不变
FY	1.0000	0	0	0	0	1	不变
CY	0.99997	0	0	0	0	1.067	递减
TE	1.0000	0	0	0	0	1	不变

从表6-16可以看出,全部最优解几乎均为1,全部松弛变量的最优解也均为0。这表明经由相应方法的评价,出租车公司的运营效率都能够实现最佳状态,从而验证了标杆学习理论用于改善运营效率的效果。

表6-17分别给出了对两种改善方法作检验的评价结果。

绩效改善的效果验证　　表6-17

DMU_m	出租车公司	基于CCR模型改善方法	基于标杆学习改善方法
DMU_1	LY	1.0000	1.0000
DMU_2	DZ	0.9997	1.0000
DMU_3	SY	1.0000	1.0000
DMU_4	QC	1.0000	0.9988
DMU_5	ZS	1.0000	1.0000
DMU_6	BH	0.9982	0.9983
DMU_7	FX	1.0000	1.0000
DMU_8	FY	1.0000	1.0000
DMU_9	CY	0.9996	0.9999
DMU_{10}	TE	1.0000	1.0000

从表6-17可见,这两种改善方法均收到了较好的效果,证明了两种方法的有效性和实用性。

以上研究结论可以看出,部分出租车公司的运营效率仍然有待于改善和提高。改善措施的实施建议从以下几个方面着手:一方面,出租车公司应加强公司内部的企业管理和人员素质的提升,建立良好的运营机制,尽可能从管理层面提高企业的整体运营效率。另一方面,出租车公司应该掌握智能交通系统的最新发展,尤其需要掌握出租车领域新科技的应用动态,加强出租车硬件配套设施的购置、完善与更新,使自身的出租车服务能够多元化发展,逐渐提高出租车出行的市场占有率,最终实现整个出租车市场的投入产出最佳状态。

6.6　实证研究

6.6.1　绩效评价实证研究

哈尔滨市出租车公司绩效评价的基础数据来源于2012年5月至2013年4月期间基于车载GPS的出租车统计数据。经处理后,得到的运营指标包括:营运车辆数量、总车次、行驶里程、载客里程、营运收入、平均运距、公里利用率、百公里营运收入和平均服务车次等。在此基础上,根据营运车辆数和营运收入等能够表征公司运营规模的指标,本书选取20个较大规模的出租车公司作为研究对象,完成绩效评价与改善分析。实证研究决策单元集合见表6-18。

DEA 决策单元集合 表 6-18

DMU_m	出租车公司	出租车数量（辆/天）	油耗量（L/天/车）	服务频次（次/天/车）	营运收入（元/车/日）
DMU_1	北环	218	25.64	31.94	527.07
DMU_2	北新	159	29.69	37.03	606.10
DMU_3	超运	235	29.85	38.36	612.17
DMU_4	大通	199	25.28	29.22	495.04
DMU_5	大雅	343	27.39	33.53	578.16
DMU_6	飞宇	214	28.52	36.66	560.53
DMU_7	凤通	180	27.96	35.83	654.35
DMU_8	凤雅	280	34.75	36.36	629.71
DMU_9	华侨	142	26.98	34.80	538.55
DMU_{10}	吉华	178	26.53	33.60	539.66
DMU_{11}	龙江	185	29.16	35.10	584.03
DMU_{12}	龙通	174	27.83	32.77	545.24
DMU_{13}	龙雅	682	28.59	33.99	1256.43
DMU_{14}	旅游	438	29.15	35.05	595.46
DMU_{15}	荣世达	175	28.70	37.18	867.13
DMU_{16}	市运	208	31.36	35.74	543.48
DMU_{17}	泰克斯	188	24.18	30.45	487.71
DMU_{18}	天通	211	26.73	32.91	510.99
DMU_{19}	天雅	160	28.28	34.07	530.24
DMU_{20}	中顺	325	42.33	35.97	574.69

作为研究案例，20 个出租车公司各类指标对应的均值、标准偏差、最大值和最小值等统计特征见表 6-19。

投入产出指标的统计特征 表 6-19

评价内容	指标	均值	标准偏差	最大值	最小值
绩效评价	产出指标：				
	服务频次（次/天/车）	34.53	2.31	38.36	29.23
	营运收入（元/车/日）	611.84	171.95	1256.43	487.71
	投入指标：				
	出租车数量（辆/天）	244.62	126.13	682	142
	出租车油耗量（L/天/车）	28.95	3.89	42.33	24.18

本书利用 Matlab 软件对出租车公司绩效评价模型求解，结果见表 6-20。

基于 CCR 对偶规划模型的绩效评价结果　　表 6-20

DMU_m	θ_0	S_1^-	S_2^-	S_1^+	S_2^+	$\sum\lambda_m$	规模经济
北环	0.962	59.324	0.000	0.000	217.850	0.859	递增
北新	0.967	0.000	0.000	0.000	0.000	1.056	递减
超运	0.992	52.648	0.000	0.000	282.481	1.031	递减
大通	0.892	40.027	0.000	0.000	186.443	0.786	递增
大雅	0.945	66.330	0.000	0.000	203.843	0.902	递增
飞宇	0.992	39.807	0.000	0.000	294.472	0.986	递增
凤通	0.990	9.465	0.000	0.000	181.295	0.964	递增
凤雅	0.808	55.061	0.000	0.000	218.296	0.978	递增
华侨	1.000	0.000	0.000	0.000	0.000	1.000	不变
吉华	0.978	15.894	0.000	0.000	243.976	0.904	递增
龙江	0.929	6.718	0.000	0.000	234.589	0.944	递增
龙通	0.909	3.977	0.000	0.000	219.038	0.881	递增
龙雅	1.000	0.000	0.000	0.000	0.000	1.000	不变
旅游	0.929	41.726	0.000	0.000	221.993	0.943	递增
荣世达	1.000	0.000	0.000	0.000	0.000	1.000	不变
市运	0.880	14.796	0.000	0.000	290.066	0.961	递增
泰克斯	0.972	39.472	0.000	0.000	222.460	0.819	递增
天通	0.951	45.683	0.000	0.000	256.553	0.885	递增
天雅	0.932	0.000	0.000	0.000	123.964	0.949	递增
中顺	0.656	3.906	0.000	0.000	264.220	0.967	递增

从表 6-20 可见,华侨、龙雅和荣世达的最优解均为 1,且松弛变量的最优解均为零,表明这些决策单元均已达到相对 DEA 有效。也就是说,如果这 3 个公司采取投入资源量不变的运营策略,那么在出租车市场中的产出水平可以达到相对最优状态。从整个决策单元集合来看,绩效达到相对 DEA 有效的出租车公司所占比例为 15%,相对 DEA 无效的比例为 85%;绩效指标值大于或等于 0.9 的比例为 80%,其余为 20%。这表明研究时段内哈尔滨市大多数出租车公司资源的投入产出效率还是较高的,但仍有 85% 的公司还未达到相对最佳状态,仍存在改善和提升的空间。从表 6-20 中还可以看出,规模收益不变的出租车公司有 3 个,即华侨、龙雅和荣世达;规模收益递增的出租车公司有 15 个,表明大部分公司还需要扩大生产规模才能实现绩效的整体提升;其余 2 个公司处于规模收益递减状态,导致这种状态出现的原因可能是公司现有规模已经不足以满足运营需求,需要扩大生产规模。

上述 CCR 模型是综合绩效评价结果,接下来将利用 BCC 模型从纯技术绩效角度对哈尔滨市出租车公司的绩效作评价,并与综合绩效结合分析出租车公司的规模绩效,具体见表 6-21。

基于 CCR 和 BCC 模型的绩效评价结果 表 6-21

DMU_m	出租车公司	GTE(CCR 模型)	PTE(BCC 模型)	SE
DMU_1	北环	0.962	0.981	0.980
DMU_2	北新	0.967	1.000	0.967
DMU_3	超运	0.992	1.000	0.992
DMU_4	大通	0.892	0.959	0.931
DMU_5	大雅	0.945	0.956	0.988
DMU_6	飞宇	0.992	0.993	0.999
DMU_7	凤通	0.990	0.992	0.998
DMU_8	凤雅	0.808	0.809	0.999
DMU_9	华侨	1.000	1.000	1.000
DMU_{10}	吉华	0.978	0.988	0.989
DMU_{11}	龙江	0.929	0.933	0.996
DMU_{12}	龙通	0.909	0.935	0.972
DMU_{13}	龙雅	1.000	1.000	1.000
DMU_{14}	旅游	0.929	0.932	0.996
DMU_{15}	荣世达	1.000	1.000	1.000
DMU_{16}	市运	0.880	0.882	0.998
DMU_{17}	泰克斯	0.972	1.000	0.972
DMU_{18}	天通	0.951	0.964	0.986
DMU_{19}	天雅	0.932	0.937	0.994
DMU_{20}	中顺	0.656	0.657	0.998

从表 6-21 可以看出，与综合绩效值相比，纯技术绩效值相对更好。在决策单元华侨、龙雅和荣世达中，CCR 和 BCC 模型对应的绩效值均为 1，表明这 3 个公司既达到了总体技术有效，又达到了纯技术有效，是出租车提供服务过程中投入产出绩效最佳的公司。通过比较各公司的纯技术绩效值(PTE)和规模绩效值(SE)可以发现，北环、北新、超运、大通和泰克斯等 5 个公司的 PTE 值均大于 SE 值，这 5 个公司综合绩效较差的原因可能是现有生产规模较小，因此可以通过扩大生产规模来实现公司相对绩效提升的目的。而大雅、飞宇、凤通、凤雅、吉华、龙江、龙通、旅游、市运、天通、天雅和中顺等 12 个公司的 PTE 值要小于 SE 值，表明出租车公司投入的资源未能得到最佳利用，产出效果不尽如人意，因此要么减少当前投入的出租车数量以降低运营成本，确保实现较好的绩效水平，要么保证投入的资源数量不变，想办法提高资源的利用效率，尽可能提升服务产出水平。

为了实现决策单元之间绩效的比较和排序，本书采用交叉效率模型分析了出租车公司的绩效。表 6-22 分别给出了交叉效率模型和 CCR 模型的计算结果。表格第 1 列为按照交叉效率值降序排列的序号，第 2 列为对应的决策单元，第 3 列为交叉效率模型评价结果，第 4

列为 CCR 模型评价结果,最后 1 列是对两种模型评价结果作标准偏差分析。

基于交叉效率和 CCR 模型的出租车公司绩效评价结果　　表 6-22

排　序	出租车公司	交叉效率值	CCR 绩效值	标 准 偏 差
1	荣世达	0.978	1.000	0.075
2	华侨	0.953	1.000	0.138
3	凤通	0.938	0.990	0.119
4	北新	0.924	0.967	0.124
5	吉华	0.913	0.978	0.145
6	飞宇	0.912	0.992	0.171
7	超运	0.910	0.992	0.173
8	泰克斯	0.893	0.972	0.167
9	天雅	0.884	0.932	0.127
10	北环	0.877	0.962	0.175
11	龙江	0.876	0.929	0.125
12	天通	0.870	0.951	0.169
13	龙通	0.859	0.909	0.120
14	大雅	0.836	0.945	0.221
15	大通	0.822	0.892	0.147
16	市运	0.819	0.880	0.136
17	龙雅	0.819	1.000	0.243
18	旅游	0.811	0.929	0.238
19	凤雅	0.743	0.808	0.134
20	中顺	0.603	0.656	0.111

从表 6-22 可以看出,在运用交叉效率模型分析后,荣世达公司的绩效值最高,其数值为 0.978;中顺公司的绩效值最低,其数值为 0.693。荣世达和华侨两个公司因交叉效率值相对较高都排在表格第 3 列的上部,它们的 CCR 模型结果均等于 1,这说明无论使用何种模型计算,这两个出租车公司的运营绩效均较高。此外,表 6-22 中的第 5 列给出了每个出租车公司依据交叉效率模型和 CCR 模型得到的评价结果的标准差值。可以看出,龙雅公司对应的模型结果的标准差值最高,数值是 0.243。这个标准差值说明,在与其他决策单元相比时,龙雅的运营绩效值具有最大的不确定性,如果一旦出租车行业运营环境或其他因素发生了较大变化,该公司的绩效评价结果就会受到较大的影响。

6.6.2 绩效改善实证研究

运用本章基于输入导向模型的改善方法,本书对哈尔滨市出租车公司的投入产出指标作调整,调整计算方法及结果见表 6-23。第 2 列为出租车数量调整,第 3 列为出租车油耗量调整,第 4 列为营运收入的调整。

相对 DEA 无效决策单元的指标调整情况 表 6-23

出租车公司	投入指标		产出指标
	出租车数量(辆/天)	出租车油耗量(L/天/车)	营运收入(元/天)
北环	0.962×218-59.324	0.962×25.64	527.07+217.85
北新	0.967×159	0.967×29.68	606.10+0.00
超运	0.992×235-52.648	0.992×29.85	612.17+282.481
大通	0.892×199-40.027	0.892×25.28	495.04+186.443
大雅	0.945×343-66.330	0.945×27.39	578.16+203.843
飞宇	0.992×214-39.807	0.992×28.52	560.53+294.472
风通	0.990×180-9.465	0.990×27.95	654.35+181.295
凤雅	0.808×280-55.061	0.808×34.75	629.71+218.296
吉华	0.978×178-15.894	0.978×26.53	539.66+243.976
龙江	0.929×185-6.718	0.929×29.16	584.03+234.589
龙通	0.909×174-3.977	0.909×27.83	545.24+219.038
旅游	0.929×438-41.726	0.929×29.14	595.46+221.993
市运	0.880×208-14.796	0.880×31.36	543.48+290.066
泰克斯	0.972×188-39.472	0.972×24.18	487.71+222.460
天通	0.951×211-45.683	0.951×26.72	510.99+256.553
天雅	0.932×160	0.932×28.28	530.24+123.964
中顺	0.656×325-3.906	0.656×42.33	574.69+264.220

表 6-24 给出了相对 DEA 无效的决策单元在指标调整前后的对比情况,两个投入指标均需要改善,而产出指标仅需要改善营运收入的数值。调整后的指标构成的新评价体系能够使各决策单元达到相对 DEA 有效状态。现有 17 个决策单元投入指标均存在冗余,投入的资源没有得到充分利用的现象是普遍存在的。就出租车数量指标而言,冗余最大的决策单元是中顺,冗余量为 116 辆/天;就出租车油耗量而言,冗余最大的也是中顺,冗余量为 14.56 辆/天/车。

投入产出指标调整前后对比情况 表 6-24

出租车公司	投入指标		产出指标
	出租车数量(辆/天)	油耗量(L/天/车)	营运收入(元/天)
北环	前:218 后:150	前:25.64 后:24.67	前:527.07 后:744.92
北新	前:159 后:154	前:29.68 后:28.70	前:606.10 后:606.10
超运	前:235 后:180	前:29.85 后:29.61	前:612.17 后:894.65
大通	前:199 后:137	前:25.28 后:22.55	前:495.04 后:681.48
大雅	前:343 后:258	前:27.39 后:25.88	前:578.16 后:782.00
飞宇	前:214 后:172	前:28.52 后:28.29	前:560.53 后:855.00
风通	前:180 后:169	前:27.95 后:27.67	前:654.35 后:835.65
凤雅	前:280 后:171	前:34.75 后:28.08	前:629.71 后:848.00

续上表

出租车公司	投入指标		产出指标
	出租车数量(辆/天)	油耗量(L/天/车)	营运收入(元/天)
吉华	前:178 后:158	前:26.53 后:25.95	前:539.66 后:783.64
龙江	前:185 后:165	前:29.16 后:27.09	前:584.03 后:818.62
龙通	前:174 后:154	前:27.83 后:25.30	前:545.24 后:764.28
旅游	前:438 后:365	前:29.14 后:27.07	前:595.46 后:817.45
市运	前:208 后:168	前:31.36 后:27.60	前:543.48 后:833.55
泰克斯	前:188 后:143	前:24.18 后:23.50	前:487.71 后:710.17
天通	前:211 后:155	前:26.72 后:25.41	前:510.99 后:767.54
天雅	前:160 后:149	前:28.28 后:26.36	前:530.24 后:654.20
中顺	前:325 后:209	前:42.33 后:27.77	前:574.69 后:838.91

根据本章内容可知,以CCR对偶规划模型获得的权重值作为基础数据,则运用标杆学习方法得到的绩效改善参考集合见表6-25。表6-25中第3列表明各无效决策单元的参考集合均是由3个标杆华侨、龙雅和荣世达的对偶权重值构成。

标杆学习方法构建的参考集合　　表6-25

DMU_m	出租车公司	参考集合(华侨;龙雅;荣世达)
DMU_1	北环	(0.000;0.000;0.859)
DMU_2	北新	(0.943;0.000;0.113)
DMU_3	超运	(0.000;0.000;1.032)
DMU_4	大通	(0.000;0.000;0.786)
DMU_5	大雅	(0.000;0.000;0.902)
DMU_6	飞宇	(0.000;0.000;0.986)
DMU_7	凤通	(0.000;0.000;0.964)
DMU_8	凤雅	(0.000;0.000;0.978)
DMU_9	华侨	(1.000;0.000;0.000)
DMU_{10}	吉华	(0.000;0.000;0.904)
DMU_{11}	龙江	(0.000;0.000;0.944)
DMU_{12}	龙通	(0.000;0.000;0.881)
DMU_{13}	龙雅	(0.000;1.000;0.000)
DMU_{14}	旅游	(0.000;0.000;0.943)
DMU_{15}	荣世达	(0.000;0.000;1.000)
DMU_{16}	市运	(0.000;0.000;0.961)
DMU_{17}	泰克斯	(0.000;0.000;0.819)
DMU_{18}	天通	(0.000;0.000;0.885)
DMU_{19}	天雅	(0.514;0.000;0.435)
DMU_{20}	中顺	(0.000;0.000;0.968)

从表6-25可见,对各决策单元的参考集合而言,不等于零的权重值代表着在绩效提升过程中每个标杆的贡献程度。以天雅公司为例,标杆华侨对偶权重值是0.514,标杆龙雅对偶权重值是0,标杆荣世达对偶权重值是0.435。可见,在天雅公司绩效提升的学习进程中,贡献程度最大的是华侨公司,贡献程度最小的是龙雅公司。接下来,观察表6-25中参考集合各列,在无效决策单元中,同一标杆的贡献程度也会有所不同。其中,华侨公司是北新公司和天雅公司的标杆,其贡献值分别是0.943和0.514;龙雅公司虽然是标杆,但是对任何无效决策单元的改善都没有作出贡献;而荣世达是全部17个无效决策单元的标杆,对改善超运公司的贡献程度最大(1.032),对改善北新公司的贡献程度最小(0.113)。

以表6-25数据为基础,运用式(6-4)可以得到出租车绩效指标的改善目标,其结果列在表6-26中。其中,第3列和第5列表示模型的原输入指标值,第4列和第6列是指经过标杆学习方法改善后的指标数值。

出租车公司绩效指标的改善结果 表6-26

DMU_m	出租车公司	出租车数量(辆/天)	出租车数量改善值(辆/天)	出租车油耗量(L/天/车)	出租车油耗量改善值(L/天/车)
DMU_1	北环	218	150	25.64	24.66
DMU_2	北新	159	154	29.68	28.69
DMU_3	超运	235	181	29.85	29.61
DMU_4	大通	199	138	25.28	22.55
DMU_5	大雅	343	158	27.39	25.88
DMU_6	飞宇	214	172	28.52	28.30
DMU_7	凤通	180	169	27.95	27.66
DMU_8	凤雅	280	214	34.75	27.14
DMU_9	华侨	142	142	26.98	26.98
DMU_{10}	吉华	178	158	26.53	25.94
DMU_{11}	龙江	185	165	29.16	27.09
DMU_{12}	龙通	174	154	27.83	25.29
DMU_{13}	龙雅	682	682	28.59	28.59
DMU_{14}	旅游	438	165	29.14	27.05
DMU_{15}	荣世达	175	175	28.70	28.70
DMU_{16}	市运	208	168	31.36	27.59
DMU_{17}	泰克斯	188	143	24.18	23.50
DMU_{18}	天通	211	155	26.72	25.41
DMU_{19}	天雅	160	149	28.28	26.36
DMU_{20}	中顺	325	169	42.33	27.77

从表6-26中可以看出,经由标杆学习方法得到的指标改善值均比原来指标数值要小,表明了这些绩效较差的出租车公司确实存在投入资源尚未得到充分利用的情况,以致造成很多资源在运营过程中被浪费,不但无形中增加了运营成本,且也无法得到期望的产出结果。其中,大雅、旅游和中顺等3个公司的出租车数量指标冗余较多,差值分别为185辆/天、273辆/天和156辆/天;凤雅和中顺等2个公司的出租车油耗量指标冗余较多,差值分别为7.61L/天/车和14.56L/天/车。而北新公司的出租车数量指标冗余最小,差值为5辆/天;飞宇公司的出租车油耗量指标冗余最小,差值为0.22L/天/车。可见,为提升运营绩效,出租车公司需要有针对性地减少出租车资源的投入数量,降低自身运营的成本。

以表6-24的数据作为依据,本书将调整后的投入产出指标构成的决策单元作为新集合,重新构建出租车公司的绩效评价体系,可以得到基于CCR模型改善方法的新决策单元集合,见表6-27。与原集合相比,出租车数量、油耗量和营运收入指标发生了变化。

基于CCR模型改善方法的新决策单元集合 表6-27

DMU_m	出租车公司	出租车数量(辆/天)	出租车油耗量(L/天/车)	服务频次(次/天/车)	营运收入(元/车/日)
DMU_1	北环	150	24.67	31.94	744.92
DMU_2	北新	154	28.70	37.03	606.10
DMU_3	超运	180	29.61	38.36	894.65
DMU_4	大通	137	22.55	29.22	681.48
DMU_5	大雅	258	25.88	33.53	782.00
DMU_6	飞宇	172	28.29	36.66	855.00
DMU_7	凤通	169	27.67	35.83	835.65
DMU_8	凤雅	171	28.08	36.36	848.00
DMU_9	华侨	142	26.98	34.80	538.55
DMU_{10}	吉华	158	25.95	33.60	783.64
DMU_{11}	龙江	165	27.09	35.10	818.62
DMU_{12}	龙通	154	25.30	32.77	764.28
DMU_{13}	龙雅	682	28.59	33.99	1256.43
DMU_{14}	旅游	365	27.07	35.05	817.45
DMU_{15}	荣世达	175	28.71	37.18	867.13
DMU_{16}	市运	168	27.60	35.74	833.55
DMU_{17}	泰克斯	143	23.50	30.45	710.17
DMU_{18}	天通	155	25.41	32.91	767.54
DMU_{19}	天雅	149	26.36	34.07	654.20
DMU_{20}	中顺	209	27.77	35.97	838.91

以表6-26数据为依据,将调整后投入产出指标作为新决策单元集合,重新构建绩效评价体系,基于标杆学习改善方法的新集合见表6-28。

基于标杆学习改善方法的新决策单元集合　　表 6-28

DMU_m	出租车公司	出租车数量(辆/天)	油耗量(L/天/车)	服务频次(次/天/车)	营运收入(元/车/日)
DMU_1	北环	150	24.66	31.94	527.07
DMU_2	北新	154	28.69	37.03	606.10
DMU_3	超运	181	29.61	38.36	612.17
DMU_4	大通	138	22.55	29.22	495.04
DMU_5	大雅	158	25.88	33.53	578.16
DMU_6	飞宇	172	28.30	36.66	560.53
DMU_7	凤通	169	27.66	35.83	654.35
DMU_8	凤雅	214	27.14	36.36	629.71
DMU_9	华侨	142	26.98	34.80	538.55
DMU_{10}	吉华	158	25.94	33.60	539.66
DMU_{11}	龙江	165	27.09	35.10	584.03
DMU_{12}	龙通	154	25.29	32.77	545.24
DMU_{13}	龙雅	682	28.59	33.99	1256.43
DMU_{14}	旅游	165	27.05	35.05	595.46
DMU_{15}	荣世达	175	28.70	37.18	867.13
DMU_{16}	市运	168	27.59	35.74	543.48
DMU_{17}	泰克斯	143	23.50	30.45	487.71
DMU_{18}	天通	155	25.41	32.91	510.99
DMU_{19}	天雅	149	26.36	34.07	530.24
DMU_{20}	中顺	169	27.77	35.97	574.69

表 6-29 给出了绩效改善效果的验证结论。从表中可见，两种改善方法均收到了良好的效果，验证了方法的有效性和实用性。

绩效改善效果验证　　表 6-29

DMU_m	出租车公司	基于 CCR 对偶模型改善的检验结果	基于标杆学习改善的检验结果
DMU_1	北环	0.9990	0.9996
DMU_2	北新	0.9976	1.0000
DMU_3	超运	0.9989	1.0000
DMU_4	大通	0.9991	1.0000
DMU_5	大雅	0.9994	1.0000
DMU_6	飞宇	1.0000	1.0000
DMU_7	凤通	0.9980	0.9998
DMU_8	凤雅	0.9997	1.0000
DMU_9	华侨	1.0000	1.0000
DMU_{10}	吉华	0.9987	1.0000

续上表

DMU_m	出租车公司	基于 CCR 对偶模型改善的检验结果	基于标杆学习改善的检验结果
DMU_{11}	龙江	0.9996	0.9995
DMU_{12}	龙通	0.9991	0.9999
DMU_{13}	龙雅	1.0000	1.0000
DMU_{14}	旅游	1.0000	1.0000
DMU_{15}	荣世达	1.0000	1.0000
DMU_{16}	市运	1.0000	0.9997
DMU_{17}	泰克斯	0.9983	0.9999
DMU_{18}	天通	0.9994	0.9995
DMU_{19}	天雅	0.9986	1.0000
DMU_{20}	中顺	1.0000	0.9999

参考张春勤等(2015)的结论,对出租车公司的绩效作评价,结果见表6-30。出租车公司被划分为高绩效(占15%)公司和相对有效(占85%)公司。

出租车公司绩效的评价结果　　表6-30

出租车公司	绩 效 值	评 价 级 别	出租车公司	绩 效 值	评 价 级 别
北环	0.962	相对有效	龙江	0.929	相对有效
北新	0.967	相对有效	龙通	0.909	相对有效
超运	0.992	相对有效	龙雅	1.000	高绩效
大通	0.892	相对有效	旅游	0.929	相对有效
大雅	0.945	相对有效	荣世达	1.000	高绩效
飞宇	0.992	相对有效	市运	0.880	相对有效
凤通	0.990	相对有效	泰克斯	0.972	相对有效
凤雅	0.808	相对有效	天通	0.951	相对有效
华侨	1.000	高绩效	天雅	0.932	相对有效
吉华	0.978	相对有效	中顺	0.656	相对有效

6.7　本章小结

本章应用DEA方法研究了出租车公司的绩效评价与改善问题。根据出租车公司日常运营数据的特征,建立了DEA评价决策单元,选择了以输入为导向的DEA模型和交叉效率模型,构建了输入输出指标体系。分别应用CCR模型、BCC模型和交叉效率模型,从综合绩效、纯技术绩效和规模绩效等角度给出了出租车公司的综合评价结果。应用标杆学习方法构建了绩效改善模型,确定了参考集合,分析了标杆的贡献程度,给出了定量的改善结论,并进一步应用CCR模型作了改善效果的验证分析。最后,运用实际的出租车公司运营数据,进行了算法的实证研究。研究结论表明了模型的有效性和实用性。

第7章 基于政府监管行为影响的出租车系统定价策略研究

以混合服务模式作为研究背景,本章对出租车市场均衡的性质和出租车服务模式对定价的影响进行深入研究。以路网交通配流为上下层联系的媒介,本章提出一种用于描述出租车移动和定价策略的双层数学规划模型。下层问题采用用户平衡模型描述,表征路网上出租车的运动特征。上层问题依据出租车系统社会福利最大化建模,表征政府监管行为对出租车系统的影响。

7.1 双层规划理论适用性分析

双层规划(Bilevel Programming Problem,BLPP)是一种具有二层递阶结构的系统优化问题,上层问题和下层问题都有各自的决策变量、约束条件和目标函数。

双层系统优化研究的是具有两个层次系统的规划与管理问题。上层决策者只是通过自己的决策去指导下层决策者,并不直接干涉下层的决策;而下层决策者只需要把上层的决策作为参数,他可以在自己的可能范围内自由决策。这种决策机制使得上层决策者在选择策略以优化自己的目标达成时,必须考虑到下层决策者可能采取的策略对自己的不利影响。

20 世纪 70 年代,人们对多目标规划进行了深入的研究,也形成了一些求解多目标规划的有效方法,如分层优化技术,这种技术也可以用来求解层次问题。在过去的几十年中,多层规划的理论、方法及应用都有了很大的发展,并且已经成为规划论中的一个新的重要分支,而在多层规划的研究中,双层规划是一个重要的研究对象,这是因为双层规划是多层规划中的一个特例,同时多层规划可以看作一系列的双层规划的复合。

双层规划研究的是两个各具有目标函数的决策者之间按有序的和非合作方式进行的相互作用,上层决策者优先作出决策,下层决策者在上层决策信息下按自己的利益作出反应,由于一方的行为影响另一方策略的选择和目标的实现,并且任何一方又不能完全控制另一方的选择行为,因此上层决策者需要根据下层的反应作出符合自身利益的最终决策。

根据上述定义,双层规划具有以下一些主要特点:

(1)层次性。研究的系统是分层管理的,各层决策者依次作出决策,下层服从上层。

(2)独立性。各层决策者各自控制一部分决策变量,以优化各自的目标。

(3)冲突性。各层决策者有各自不同的目标,且这些目标往往是相互矛盾的。

(4)优先性。上层决策者优先作出决策,而下层决策者在优化自己的目标而选择决策时,不能违背上层的决策。

(5)自主性。下层并不是完全无条件服从上层,它有相当的自主权。

(6)制约性。下层的决策不但决定着自身目标的达成,而且影响着上层目标的实现。

(7)依赖性。各层决策者的容许策略集通常是不可分的,他们往往形成一个相互关联的整体。

基于此,本书将政府作为上层决策者,通过政府行为来影响下层决策者——出租车用户,但是政府的行为并不直接干涉出行者的决策选择;下层出租车用户则将政府决策作为影响参数,形成路网配流,路网配流反过来又会影响上层出租车系统的整体利益。

7.2 问题分析与描述

模型构建的背景作如下假设:

(1)假设一:在出租车系统中,政府实施价格监管策略。

(2)假设二:在出租车系统中,出租车公司提供巡游服务模式和电召服务等模式。这些混合服务模式可供出行者作出行方式选择,选择行为假设与第5章相同。

在出租车市场中,出租车类型分为安装GPS/GIS的出租车和未安装GPS/GIS的出租车。如果路网上出租车队规模是Num并且配备GPS/GIS的出租车的比例为α,则仅能提供巡游模式的出租车数量是$Num \times (1-\alpha)$。在这里,配备GPS/GIS的出租车可以提供巡游和电召两种服务。假设在网络上有两种服务模式和另一种非出租车的出行模式可以提供给乘客选择。以多项式Logit模型作为研究依据,考虑两种出租车模式的负效用和另一种出行方式的固定成本,出行模式划分在上述三种模式中进行。

本章所用的变量符号名称和变量含义汇总见表7-1。

变量名称和含义汇总表 表7-1

名称	变量含义	名称	变量含义
r	出租车服务模式的集合	$\lambda_1 l_{ij}$	乘客的车内出行费用
h_{ij}	乘客从i小区到j小区选择非出租车的另一种出行模式	W_i^{1c}	在i小区处选择巡游模式的乘客的等待时间
h_{ij}^{1c}	乘客从i小区到j小区选择巡游模式的全程出行费用	$\lambda_2 W_i^{1c}$	乘客的等待成本
h_{ij}^{2c}	乘客从i小区到j小区选择电召模式的全程出行费用	W_i^{2c}	在i小区处选择电召模式的乘客的等待时间
θ'	从乘客的角度反映了出租车服务中具有的不确定性程度	φ	用于预定出租车服务的打电话费用
F_0	出租车乘车的基础费用	Q_{ij}^c	路网中从i小区到j小区的总乘客需求量
q	单位时间的可变费率	Q_{ij}^{1c}	从i小区到j小区选择巡游模式的乘客数量
T_{ij}^{ot}	从i小区到j小区单位时间内载客出租车的数量	t_{ij}	从i小区到j小区经由最短路径行驶过程中载客出租车的行程时间
T_{ji}^{vt}	从j小区到i小区单位时间内空驶出租车的数量	w_i^t	在i小区出租车的搜索/等待时间

7.3 出租车系统定价模型

7.3.1 出行模式选择模型

在 i 小区选择巡游或电召出行模式出发向 j 小区运行的乘客的概率表示为：

$$P_{ij}^{rc}=\frac{\exp(-\theta' h_{ij}^{rc})}{\exp(-\theta' h_{ij})+\exp(-\theta' h_{ij}^{1c})+\exp(-\theta' h_{ij}^{2c})}\quad(i\in I,j\in J,r=1,2)\tag{7-1}$$

式中：r——出租车服务模式的集合，$r=1$ 是指乘客选择巡游服务，$r=2$ 是指乘客选择电召服务；

c——乘客；

h_{ij}——乘客从 i 小区到 j 小区选择非出租车的另一种出行模式，例如公交或者地铁；

h_{ij}^{1c}——乘客从 i 小区到 j 小区选择巡游模式的全程出行费用；

h_{ij}^{2c}——乘客从 i 小区到 j 小区选择电召模式的全程出行费用；

θ'——从乘客的角度反映了出租车服务中具有的不确定性程度。

这里，乘客从 i 小区到 j 小区选择巡游模式的全程出行费用为：

$$h_{ij}^{1c}=F_0+ql_{ij}+\lambda_1 l_{ij}+\lambda_2 W_i^{1c}\tag{7-2}$$

式中：F_0——出租车乘车的基础费用；

q——单位时间的可变费率；

$\lambda_1 l_{ij}$——乘客的车内出行费用；

W_i^{1c}——在 i 小区处选择巡游模式的乘客的等待时间；

$\lambda_2 W_i^{1c}$——乘客的等待成本。

$F_{ij}=F_0+ql_{ij}$，为从 i 小区到 j 小区乘坐出租车出行的价格。

这里，乘客从 i 小区到 j 小区选择电召模式的全程出行费用为：

$$h_{ij}^{2c}=F_0+ql_{ij}+\lambda_1 l_{ij}+\lambda_2 W_i^{2c}+\varphi\tag{7-3}$$

式中：W_i^{2c}——在 i 小区处选择电召模式的乘客的等待时间；

φ——用于预定出租车服务的打电话费用。

因此，乘客选择巡游服务的总需求可以表述为：

$$Q^{1c}=\sum_{i\in I}\sum_{j\in J}Q_{ij}^{1c}=\sum_{i\in I}\sum_{j\in J}Q_{ij}^{c}P_{ij}^{1c}\tag{7-4}$$

式中：Q_{ij}^{c}——路网中从 i 小区到 j 小区的总乘客需求量；

Q_{ij}^{1c}——从 i 小区到 j 小区选择巡游模式的乘客数量。

相应地，乘客选择电召服务的总需求也可以表述为：

$$Q^{2c}=\sum_{i\in I}\sum_{j\in J}Q_{ij}^{2c}=\sum_{i\in I}\sum_{j\in J}Q_{ij}^{c}P_{ij}^{2c}\tag{7-5}$$

式中：Q_{ij}^{2c}——从 i 小区到 j 小区选择电召模式的乘客数量。

7.3.2 出租车路网运行特征

7.3.2.1 模型变量介绍

假设有一个城市道路网 $G(V,A)$ ，V 表示节点集合，A 表示路段集合，出租车市场中存在供需平衡状态。I 和 J 分别表示出发小区和终点小区的集合。在任意给定时间段内，$Q^{1c}+Q^{2c}$（人/h）表示乘客需要的出租车总量。$t_a(v_a)$ 表示路段 $a\in A$ 上的行程时间。这里，总路段流量 v_a 包括出租车交通流量和正常的社会交通流量。$t_{ij}^k=\sum_{a\in A}t_a(v_a)\delta_{ij}^{ak}$ 表示 O-D 对 (i,j) 之间路径 k 上的行程时间，这里如果路径 k 使用路段 a ，则 $\delta_{ij}^{ak}=1$ ；反之，如果路径 k 不使用路段 a ，则 $\delta_{ij}^{ak}=0$ 。R_{ij} 表示 O-D 对 (i,j) 之间的路径集合。假定 t_{ij} 表示从 i 小区到 j 小区经由最短路径所用的行程时间，即 $t_{ij}=\min(t_{ij}^k,k\in R_{ij})$ 。

7.3.2.2 出租车服务时间关系

考虑有一个给定的需求 OD 矩阵，研究的时间间隔是 1h。出租车的总服务时间包括忙碌的服务时间和空驶服务时间。T^{ot} 表示总的忙碌时间，T^{ot} 表示用于完成巡游服务的时间，可以表述为：

$$T^{ot}=\sum_{i\in 1}\sum_{j\in 1}T_{ij}^{ot}t_{ij} \tag{7-6}$$

式中：T_{ij}^{ot} ——从 i 小区到 j 小区单位时间内载客出租车的数量；

ot——载客出租车；

t_{ij} ——从 i 小区到 j 小区经由最短路径行驶中载客出租车的行程时间。

假定 T^{vt} 表示总的空驶时间。空驶时间包括空驶出租车的行程时间以及搜索/等待时间。这个时间可以表述为：

$$T^{vt}=\sum_{i\in I}\sum_{j\in J}T_{ji}^{vt}(t_{ji}+w_i^t) \tag{7-7}$$

式中：T_{ji}^{vt} ——从 j 小区到 i 小区单位时间内空驶出租车的数量；

vt——空驶出租车；

t_{ji} ——从 j 小区到 i 小区经由最短路径行驶过程中空驶出租车的行程时间；

w_i^t ——在 i 小区出租车的搜索/等待时间。

因此，对于总的巡游出租车而言，在单位时间内，可以建立如下的关系式：

$$\sum_{i\in 1}\sum_{j\in 1}T_{ij}^{ot}t_{ij}+\sum_{j\in 1}\sum_{i\in 1}T_{ji}^{vt}(t_{ji}+w_i^t)=N^1\times 1 \tag{7-8}$$

式中：N^1 ——单位时间内巡游出租车的总数量。

7.3.2.3 出租车驾驶员驾驶行为模型

假设在某一区域内，驾驶员的期望搜索时间的分布假定符合 Gumbel 密度函数。因此，从 j 小区出发最终在 i 小区遇到乘客的空驶出租车的概率可以表述为：

$$P_{\frac{i}{j}}=\frac{\exp\{-\theta'(t_{ji}+w_i^t)\}}{\sum_{m\in I}\exp\{-\theta'(t_{jm}+w_m^t)\}}\quad(i\in I,m\in I,j\in J) \tag{7-9}$$

这里，$P_{i/j}$ 表示在载着乘客进入 j 小区后，一辆出租车在 i 小区搜索并遇到下一个乘客的概率；θ'' 表示非负参数。

7.3.2.4 供需均衡关系

在一个稳定的平衡状态下，在巡游出租车服务方面，网络上的空驶出租车数量应该满足乘客在所有出发小区的乘客需求，或者每个客户最终都会得到出租车服务。因此，空驶出租车的供需关系可以表述如下：

$$\sum_{i\in I} T_{ji}^{vt} = \sum_{i\in I} Q_{ij}^{1c} = Q_j^{1c} \quad (j\in J) \tag{7-10}$$

$$\sum_{j\in J} T_{ji}^{vt} = \sum_{j\in J} Q_j^{1c} P_{i/j} = Q_i^{1c} \quad (i\in I) \tag{7-11}$$

在平衡状态下，提供巡游服务的忙碌出租车的供需关系可以表述为：

$$\sum_{i\in I}\sum_{j\in J} T_{ij}^{ot} t_{ij} = \sum_{i\in I}\sum_{j\in J} Q_{ij}^{1c} t_{ij} \tag{7-12}$$

提供电召服务的出租车的供需均衡关系可以表述为：

$$N^2 = \sum_{i\in I}\sum_{j\in J} Q_{ij}^{2c} = \sum_{i\in I}\sum_{j\in J} Q_{ij}^{c} P_{ij}^{2c} \tag{7-13}$$

式中：N^2 ——可以提供电召服务的出租车数量。

基于上述这些关系，在1h时间间隔内，巡游出租车的总数量可以表述为：

$$N^1 = Num - N^2 \tag{7-14}$$

7.3.3 双层数学规划模型

本书通过建立一个双层数学规划模型论述了出租车市场的最优定价问题。也就是说，对于管理者而言，管理定价策略的目的是要考虑出租车乘客和驾驶员对定价政策的响应，并且尽可能使整个出租车市场的社会效益实现最大化。根据经济学中社会福利最大化的理论，在上层模型中，将目标函数表示为出租车市场总用户收益与成本的差值。

因此，这个模型可以表述为：

$$\max_{F_0,q} \mathrm{T} = \int_0^{Q_{ij}^c} Q_{ij}^{-1}(\omega)\,\mathrm{d}\omega - 8c_c(1-\alpha)NumS - 8c_c(\alpha NumS - YDLP^{2c}) - 8c_d YDLP^{2c} \tag{7-15}$$

$$subject\quad to: \quad F_0^{\min} \leqslant F_0 \leqslant F_0^{\max}$$

$$q_{\min} \leqslant q \leqslant q_{\max}$$

式中：$Q_{ij}^{-1}(\omega)$ ——乘客需求的逆函数；

c_c ——巡游模式的平均运营成本，元/辆/km；

S ——出租车的平均速度，km/h；

Y ——单位出行的行车里程，km/次；

D ——乘客需求量，次/km/h；

L ——出租车市场中全部出租车的总运营里程辆·km；

c_d ——电召服务模式的平均运营成本，元/辆/km。

这里，$\int_0^{Q_{ij}^c} Q_{ij}^{-1}(\omega)\mathrm{d}\omega$ 表示出租车市场的全部用户利益；$8c_c(1-\alpha)NumS$ 表示未配备GPS/GIS的巡游出租车总成本；$P^{2c}=\sum_i\sum_j P_{ij}^{2c}$ 表示所有乘客选择电召出租车服务的概率；DLP^{2c} 表示 $\sum_{i\in I}\sum_{j\in J}Q_{ij}^{2c}P_{ij}^{2c}$；$8c_c(\alpha NumS-YDLP^{2c})$ 表示匹配GPS/GIS并且提供巡游服务的出租车的总成本；$8c_dYDLP^{2c}$ 表示匹配GPS/GIS并且提供电召服务的出租车的总成本。

上层模型中的 P^{2c} 可以通过求解下层模型得到，因为下层模型是一个关于弹性需求 Q_{ij}^{1c} 的综合性的出行分布与出行分配相结合的模型。这个下层模型主要用来描述出租车在路网中的移动特征以及出租车市场中存在的供需均衡状态。

基于此，下层模型可以由式(7-16)来建立，如下所示：

$$\min Z=\sum_{a\in A}\int_0^{v_a}t_a(\omega)\mathrm{d}\omega+\frac{1}{\theta''}\sum_{j\in J}\sum_{i\in I}T_{ji}^{vt}(\ln T_{ji}^{vt}-1)-\sum_{i\in I}\sum_{j\in J}\int_0^{Q_{ij}^{1c}}Q_{ij}^{-1}(\omega)\mathrm{d}\omega \tag{7-16a}$$

$$subject\quad to:\sum_{i\in I}T_{ji}^{vt}=\sum_{i\in I}Q_{ij}^{1c} \tag{7-16b}$$

$$\sum_{j\in J}T_{ji}^{vt}=\sum_{j\in J}Q_{ij}^{1c} \tag{7-16c}$$

$$\sum_{k\in R_{ij}}f_{ij}^k=T_{ij}^n+T_{ij}^{ot}+T_{ij}^{vt} \tag{7-16d}$$

$$v_a=\sum_{i\in I}\sum_{j\in J}\sum_{k\in R_{ij}}\delta_{ij}^{ak}f_{ij}^k \tag{7-16e}$$

$$f_{ij}^k\geqslant 0 \tag{7-16f}$$

$$T_{ji}^{vt}>0 \tag{7-16g}$$

这里，T_{ji}^{vt} 在式(7-7)中解释；T_{ij}^{ot} 在式(7-6)中解释；T_{ij}^{nt} (veh/h)表示从 i 小区到 j 小区正常交通流的流量；f_{ij}^k 表示路径 k 上的交通流。

7.4　出租车系统定价模型求解算法

本书用Brouwer的不动点定理证明下层问题的最优解的存在性。同时，利用基于Hooke-Jeeves模式搜索的罚函数方法设计了双层规划问题的迭代算法。

7.4.1　下层模型中均衡的存在性证明

如果需要满足Brouwer的不动点定理，可以证明均衡解的存在性。这个定理是：如果 $\Gamma:\Omega\rightarrow\Omega$ 是一个连续型函数，映射一个紧凑的凸集 Ω，那么在集合 Ω 中有一些 Q^c 存在，比如 $Q^c=\Gamma(Q^c)$。

首先，假定 $\bar{h}_{ij}^{1c}=F_0+ql_{ij}+\lambda_1 l_{ij}$，由于 $W_i^{1c}\geqslant 0$ 的关系，有 $0\leqslant\bar{h}_{ij}^{1c}\leqslant h_{ij}^{1c}$ 式子成立。基于此，诸如 $0\leqslant P_{ij}^{1c}\leqslant\bar{P}_{ij}^{1c}$ 和 $0\leqslant Q_{ij}^{1c}\leqslant\bar{Q}_{ij}^{1c}$ ($0\leqslant Q_{ij}^{c}P_{ij}^{1c}\leqslant Q_{ij}^{c}\bar{P}_{ij}^{1c}$)这些公式都可以得到。因此，

Q_{ij}^{1c} 的下列可行域在下层问题中存在：

$$\Omega = \{Q_{ij}^{1c}(i \in I, j \in J) \mid 0 \leqslant Q_{ij}^{1c} \leqslant \bar{Q}_{ij}^{1c}\}$$

从上面的方程可以看出，集合是封闭的、有界的，因此也是紧凑的和凸集合。

第二，由于所设计的下层模型是一种人工熵型最小化的凸集问题。关于 Brouwer 的不动点定理所要求的连续性条件的详细证明可以参见相关文献。

最后，根据式(7-16)可知，一方面存在 $W_i^{1c}(w_i^t, Q_{ij}^{1c})$ 这样的关系，另一方面 w_i^t 是 Q_{ij}^{1c} 的连续函数。因此，$W_i^{1c}(Q_{ij}^{1c})$ 代表着连续映射。根据 Logit 出行选择模型，下列公式可得：

$$Q_{ij}^{1c} = \Gamma(Q_{ij}^{1c})$$

这里，$\Gamma(Q_{ij}^{1c}) = \dfrac{\exp\{-\theta' h_{ij}^{1c}[W_i^{1c}(Q_{ij}^{1c})]\}}{\exp\{-\theta' h_{ij}\} + \exp\{-\theta' h_{ij}^{1c}[W_i^{1c}(Q_{ij}^{1c})]\} + \exp\{-\theta' h_{ij}^{2c}[W_i^{2c}(Q_{ij}^{2c})]\}}$

并且 $h_{ij}^{1c}[W_i^{1c}(Q_{ij}^{1c})] = F_0 + ql_{ij} + \lambda_1 l_{ij} + \lambda_2 W_i^{1c}(Q_{ij}^{1c})$

因此，一个连续的映射已经建立起来，利用的原理是基于 Brouwer 定理的不动点理论。

7.4.2 上述双层规划模型的转换

应用惩罚函数所建立的一个新的上层目标函数可以表述为：

$$\begin{aligned}\min Z(F_0, t, \gamma) = &[c_c(1-\alpha)NumS + c_c(\alpha NumS - YDLP^{2c}) + c_d YDLP^{2c}] - \int_0^{Q_{ij}} Q_{ij}^{-1}(\omega)\mathrm{d}\omega + \\ &\gamma\{\min[0, (F_0^{\max} - F_0)]\}^2 + \gamma\{\min[0, (F_0 - F_0^{\min})]\}^2 + \\ &\gamma\{\min[0, (q_{\max} - q)]\}^2 + \gamma\{\min[0, (q - q_{\min})]\}^2\end{aligned} \tag{7-17}$$

式中：γ——惩罚因子。

本书设计了一种基于 Hooke-Jeeves 方法的直接搜索算法来求解上述双层数学规划模型。该算法将下层模型视为上层模型的约束条件。在给定 F_0 和 q 的前提下，采用下层模型来求解并且将均衡解带入上层模型。建立上层和下层之间关系的变量包括 T_{ji}^{vt}、W_i^c 和 w_i^t。这里，基于 Hooke-Jeeves 方法改进的目标函数值，是指利用从下层模型获得的均衡解来计算的上层模型。

7.4.3 下层规划模型的求解算法

在此基础上，本书给出了路网上出租车均衡问题的迭代算法，表述如下。

步骤 1　初始化：给定一个初始值集合 $W_i^{c(0)}$，$i \in I$，让 $n := 1$。

步骤 2　更新乘客需求量：更新 $Q_{ij}^{rc(n)} = Q_{ij}^c P_{ij}^{rc(n)}$，$i \in I$，$j \in J$，$r \in R$，这里的值可以由式(7-1)得到。

步骤 3　完成路网出租车均衡模型的求解：基于 $Q_{ij}^{rc(n)}$，$i \in I$，$j \in J$，$r \in R$，模型的求解可以使用迭代均衡算法求解，并且可以得到一系列的出租车搜索/等待时间 $w_i^{t(n)}$，$i \in I$。

步骤 4　更新乘客等待时间指标数值：依据出租车等待时间 $w_i^{t(n)}$ 和乘客等待时间 $W_i^{c(n)}$ 两个指标之间的关系，更新 $W_i^{c(n)}$ 和 $w_i^{t(n)}$ 的数值。

步骤 5　检验：迭代停止的标准按如下式(7-18)进行：

$$\left|\frac{W_i^{c(n)} - W_i^{c(n-1)}}{W_i^{c(n-1)}}\right| \leqslant \varepsilon' \tag{7-18}$$

式中：ε' ——所要求的收敛进度指标值。

如果式(7-18)成立，则迭代停止。否则，让 $n := n+1$，继续转入第 2 步。

7.4.4 双层规划模型的求解算法

基于 Hooke-Jeeves 方法的求解算法的具体内容如下：

步骤 1　初始化：初始化以下参数：惩罚因子 γ，增量变化率 δ_1 和 δ_2，步长缩减因子 β，加速因子 η，终止参数 ε 以及变量 $F_0^{(1)}$ 和 $q^{(1)}$。通过使用上述初始化变量，应用下层模型算法来求解下层问题的均衡解。然后，采用均衡解 T_{ji}^{wt}、W_i^c 和 w_i^t，并将其看作基本目标函数，求解上层数学规划模型的解。最后，假定 $F_0^1 = F_0^{(1)}$，$q^1 = q^{(1)}$，$k = 1$ 和 $j = 1$。

步骤 2　完成探测搜索：首先，将 F_0^j 和 q^j 两个变量代入下层模型中并采用相应的算法，可以确定下层模型的均衡解。接下来，将这些均衡解代入上层数学规划模型中就可以得到目标函数 $Z(F_0^j, q^j, \gamma)$ 的结果，完成探测搜索。

步骤 3　检验：如果 $\delta_i \leqslant \varepsilon(i=1,2)$，那么迭代停止，并且算法可以得到 $F_0^{(k)}$ 和 $q^{(k)}$。

否则，让 $\delta_i := \beta\delta_i$，$F_0^1 = F_0^{(k)}$，$F_0^{(k+1)} = F_0^{(k)}$，$q^1 = q^{(k)}$ 并且 $q^{(k+1)} = q^{(k)}$，然后让 $k := k+1$ 并且 $j = 1$，然后转入步骤 2。

步骤 4　检验惩罚因子。

如果 $F_0 > F_0^{\max}$ 或者 $F_0 < F_0^{\min}$ 或者 $q > q^{\max}$ 或者 $q < q^{\min}$，让 $\gamma = \tau\gamma(\tau > 1)$，并且 $F_0^{(1)} = F_0^{(k-1)}$，$q^{(1)} = q^{(k-1)}$，则转入步骤 1。

否则，将 $F_0^{(k-1)}$ 和 $q^{(k-1)}$ 看作最优解，并停止迭代。

7.5 出租车系统定价模型算例研究

7.5.1 参数设置

考虑一个包含 6 个交通小区的网络，如图 7-1 所示。在这里，节点代表交通小区，弧表示节点之间的邻接关系，箭头表示道路的方向，权重值表示小区内的行程时间，单位为 min。

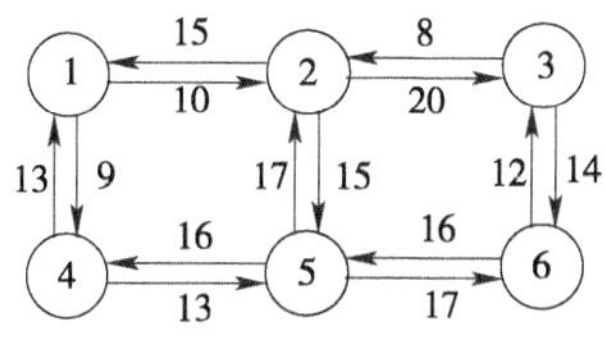

图 7-1　数值算例网络

假设表 7-2 表示从 i 小区至 j 小区的总乘客需求矩阵，乘客需求的单位是人/h。

不同小区之间的总乘客需求矩阵(单位:人/h)　　表 7-2

Q_{ij}^c	1	2	3	4	5	6	总量
1	0	500	200	200	100	150	1150
2	400	0	150	250	200	100	1100
3	200	100	0	500	100	250	1150
4	100	200	300	0	200	150	950
5	250	200	150	200	0	200	1000
6	150	300	250	250	200	0	1150
总量	1100	1300	1050	1400	800	850	6500

本书假设表 7-3 表示从 i 小区到 j 小区的最短行程时间矩阵,行程时间的单位为 min。

不同小区之间的最短行程时间矩阵(单位:min)　　表 7-3

t_{ij}	1	2	3	4	5	6
1	0	10	30	9	22	39
2	15	0	20	24	15	32
3	23	8	0	32	23	14
4	13	23	42	0	13	30
5	29	17	29	16	0	17
6	35	20	12	32	16	0

输入参数的数值如下:$\alpha = 0.6$, $\lambda_1 = 15$ 元/h, $\lambda_2 = 25$ 元/h, $\varphi = 0.5$ 元, $\theta' = 0.05$, $\theta'' = 0.3$, $W_i^{2c} = 0.167\text{h}$ ($i \in I$)。为了分析模型结果,假设 Num 分别为 6000、7000、8000、9000、10000 和 11000,其单位为辆/h。

在下层模型中,假设交通小区 2 和 3 都是商业区域,而其他交通小区都是住宅区域,即表明 $\mu_2 = \mu_3 = 0.1$ 和 $\mu_1 = \mu_4 = \mu_5 = \mu_6 = 0.01$ 。其次,上层模型的输入参数分别为 $C_c =$ 3 元/辆/km, $S = 25\text{km/h}$, $Y = 6$ km/次, $C_d = 2$ 元/辆/km, $F_0^{\max} = 14$ 元 , $F_0^{\min} = 7$ 元, $q^{\max} = 140$ 元/h, $q^{\min} = 30$ 元/h。此外,算法的初始数值为: $W_i^{1c(0)} = 0.083$ ($i \in I$), $F_0^{(1)} = 10$, $q^{(1)} = 60$, $\gamma = 10$。其余输入数据为: $\delta_1 = 0.1$, $\delta_2 = 1$, $\eta = 2$, $\beta = 0.5$, $\varepsilon = 0.03$, $\varepsilon' = 0.03$, $\tau = 5$。

7.5.2 算例结果分析

本书利用 VC + + 6.0 对上述模型的求解算法进行编程。最终结果的三维散点图如图 7-2所示。这个图形的做法是: F_0 取[7,14], q 取[30,140], Num 取 6000,在探测搜索和模式搜索移动之间执行 15 次交替迭代算法,即可得到图 7-3 所示的结果。这个图形表明:伴随着参数 F_0 和 q 的同时变化,目标函数 Z 呈现下降趋势。

从图7-2可以看出,基于Hooke-Jeeves方法的求解算法可以得到一个全局最优解。根据迭代结果显示,当F_0等于8元并且q等于40元/h时,目标函数Z出现最优解。与此同时,目标函数的数值等于3610448元。

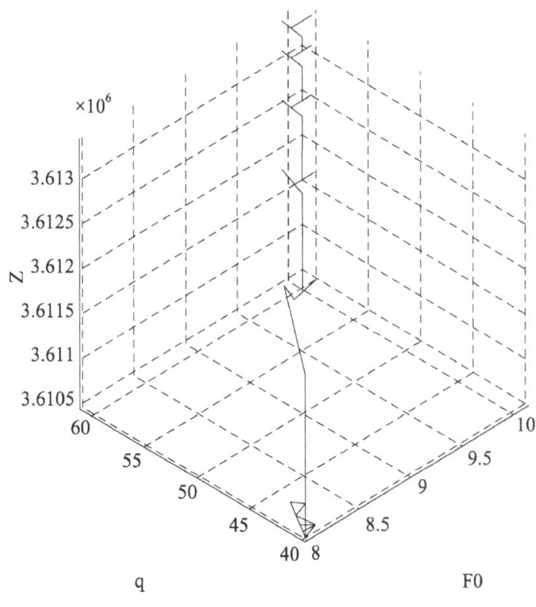

图7-2 当$Num=6000$时目标函数Z的三维散点图

在6个交通小区中,当给定F_0和q的初始值时,出租车等待时间指标随出租车数量的变化而发生改变的情况。

出租车等待时间指标都是正值,但是却与出租车总数量指标呈非线性增长的关系。就给定的出租车总量6000辆而言,所有交通小区中出租车等待时间都比其余的给定出租车总量对应的出租车等待时间要小很多。当出租车总量等于7000辆时,在所有交通小区中,这个变量的数值就变成一个拐点。这主要是因为当出租车总量等于或大于7000辆时,出租车市场上的供给量大大超过了需求量,以致存在一些来自于花费在搜索和等待乘客上的额外的出租车服务时间。同时,一旦出租车总量大于或等于7000辆,在所有交通小区中的出租车等待时间就会随着出租车总量的增加而线性增加。

显然,在所有住宅或商业类型的交通小区中,出租车等待时间与给定的出租车总量在数值上几乎是相等的。为提高出租车的利用率,本书建议管理部门一方面对出租车总量指标进行控制,另一方面改变出租车的服务模式并鼓励市民通过打电话预约出租车服务也是非常重要的。

图7-3表明在第1、第4、第5和第6交通小区中的乘客等待时间随着出租车总量的变化而呈非线性下降的变化趋势。这表明在改善服务质量方面,提高出租车总数量的边际效应正在下降。对于居住类型区域而言,在给定的出租车总量情况下,不同交通小区的乘客等待时间取决于其相对需求和出租车等待时间。从图7-4可以看出,交通小区2和交通小区3的乘客等待时间都接近于零,但并不等于零。这主要是因为商业区的区域性质需要乘客花时间用在等候出租车上。

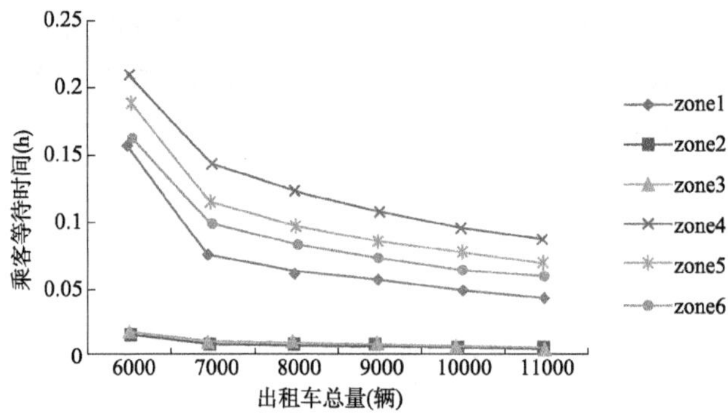

图 7-3　不同区域的乘客等待时间与出租车总量之间的关系

结合上述算例,本书计算了出租车系统中的平均出租车等待时间。当分别考虑控制变量的不同初始值时,比如 $F_0=10$, $q=60$, $F_0=9$, $q=70$, $F_0=8$, $q=80$ 等,图 7-4 描述了出租车系统中平均出租车等待时间与出租车总量的非线性关系。从图 7-4 可以看出,伴随着控制变量的初始值在模型中的改变,平均出租车等待时间的变化比较微小。这证明了在均衡状态中不同的 F_0 和 q 不会导致系统评估指标的数值发生较大的变化。

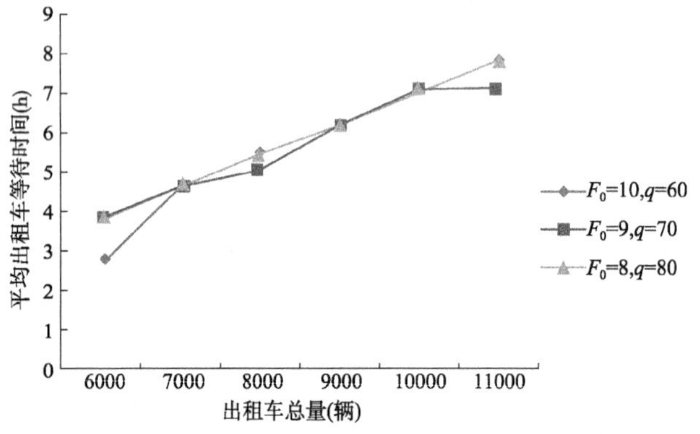

图 7-4　平均出租车等待时间与出租车总量之间的关系

结合前面的数值例子,本书得到平均乘客等待时间。图 7-5 表明伴随着出租车总量的变化,当分别考虑控制变量的不同初始值时,如 $F_0=10$, $q=60$, $F_0=9$, $q=70$, $F_0=8$, $q=80$,平均乘客等待时间呈现非线性降低的趋势。这表明在以上三种组合中,增加出租车数量的边际效应在改善服务质量方面正在降低。

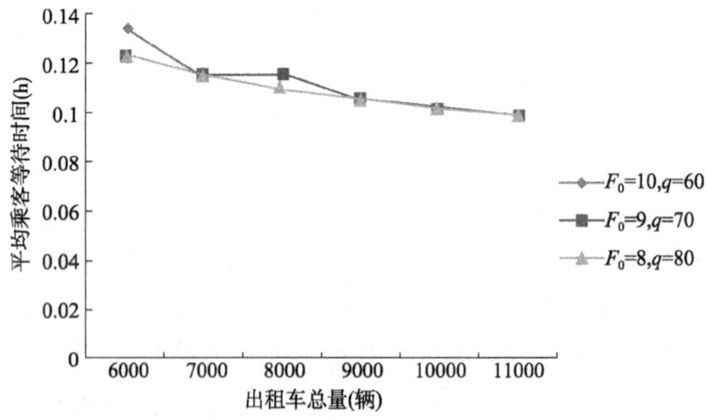

图 7-5　平均乘客等待时间与出租车总量之间的关系

从图 7-5 可知,伴随控制变量初始值发生变化,不同出租车总量对应的平均乘客等待时间有轻微的变化,表明不同 F_0 和 q 并不会改变均衡状态下评价指标。

7.6 本章小结

本书建立了基于综合服务模式的出租车定价双层数学规划模型。以社会福利最大化构建的上层数学规划模式反映了出租车系统管理部门的管理目的。在下层数学规划模型问题中,网络上的出租车服务模型描述了基于综合服务模式的供需平衡状态。在均衡状态下,一些参数可以为提高出租车系统的运营水平提供有意义的参考和理论支持。本书设计了一种迭代算法,给出了出租车定价的最优解,这个最优解不仅使管理者获得了最大的社会福利,而且也能够使出租车驾驶员得到最优的净效用。数值算例分析结果表明,本书所设计的双层数学规划模型确保了从出租车系统供需关系角度考虑的最优价格的实现。

第 8 章

基于多参与主体行为影响的混合服务模式选择演化博弈分析

在本章的分析中,针对由电召新模式和约租车模式构成的混合服务模式选择问题,研究乘客出行方式选择行为、出租车公司运营行为和政府监管等行为对出租车服务的影响。在分析博弈策略的基础上,本章将应用两种群演化博弈论构建出租车服务模式选择模型,运用复制动态方程讨论演化稳定策略存在的条件以及参数变化对演化进程的影响,揭示多参与主体行为对出租车服务的影响机理。

8.1 混合服务模式博弈分析

在互联网 + 时代背景下,以大数据和移动互联网为特征的互联网思维将为出租车领域的改革带来新思路。如何通过互联网技术进行更为高效的供需信息匹配并提升出租车的运行效率将成为出租车改革的核心内容。与此同时,交通运输部 2015 年 1 月 1 日起施行的《出租车经营服务管理规定》(2014 年第 16 号令)明确表示,要鼓励发展"多样化、差异性的预约出租车经营服务"。交通运输部出台政策鼓励预约出租车服务的发展,就意味着鼓励在政府的监管下,积极运用互联网技术,实现预约出租车服务质量的提升。在出租车系统中出现的这种新的预约租车模式,有助于提升原有的电话预约电召模式的服务效率。

更重要的是,包括没有营运证私家车在内的约租车模式也不能完全市场化运营,需要受政府的管制和行业的约束,主要有以下 4 个原因:

(1)驾驶员在行车过程中操作手机抢接订单会存在严重的安全隐患。

(2)驾驶员和乘客通过软件的加价租车的功能进行议价,扰乱了出租车行业的价格监管也损害了乘客的利益。

(3)打车软件平台获取的乘客个人信息、出行信息以及消费信息等大数据都存在着监管方面的隐患和漏洞。

(4)约租车平台尚未受到监管,提供运输服务的车辆和驾驶员条件还未进行严格约束,一旦出现纠纷,没有较好的处理途径。

因此,完全交由市场来决定约租车的发展模式,不受政府的监管和约束,既不利于预约租车行业的未来发展,又会损害乘客的个人利益。

在这样的背景下,如何将传统电召模式与新兴约租车模式结合起来,实现两者的优势互补将是本章要研究的内容。只有这样,才能既保护乘客的利益和安全,又能够提升出租车的服务效率。基于此,本章提出集约租车软件平台和出租车电召模式于一体的电召新模式。

电召新模式描述如下：即在政府的监管下，实现约租车软件平台与出租车公司联合运营，将出租车公司的驾驶员信息等数据与软件平台的大数据衔接，建立电召服务调度系统，充分盘活出租车的现有资源。同时，清晰地划分提供巡游模式和电召模式的出租车的经营范围，采取诸如不允许电召出租车提供巡游服务等措施来加强市场的监管，确保出行者能够获得多样化和差异性的出租车服务。这种新模式既能够充分发挥互联网软件平台在交通资源配置中的积极作用，提升出租车的服务效率，又能够将约租车平台纳入监管体系，帮助约租车平台吸收更多的订单，提高企业的利润，从而实现两者之间的优势互补，取得合作共赢的效果。

在政府的监管下，电召新模式能否顺利实施的关键在于乘客和出租车公司双方对基于互联网＋背景下的出租车电召服务能否认同，这两方的认同缺一不可。在策略实施过程中，若是出租车公司希望运营电召新模式来提升出租车的服务质量，但是乘客却因为对传统电召服务的错误认知而不愿意使用该方式出行，那么电召新模式就会逐渐被否决。反过来，若是乘客愿意选择电召新模式，但是出租车公司一方却因为出租车公司与软件平台不能很好地合作而无法实施，那么电召新模式也无法得以实践和应用。也就是说，电召新模式需要乘客和出租车公司两群体都能够支持。更重要的是，在这个过程中，如果政府对实施电召新模式的出租车公司能够给予激励政策，对实施约租车模式的出租车公司反而实施惩罚机制，那么更会促使出租车公司愿意实行电召新模式。一般情况下，在新模式实施的初始阶段，大部分乘客和出租车公司因为无法获得较好的收益而不愿意使用，但是一旦有乘客开始选择电召新模式出行并体验到融合互联网技术的出行方式带来的益处，渐渐地就会有越来越多的乘客愿意使用。在这种情况下，出租车市场的收益也会日渐增多，出租车公司获利更多，出租车公司也就更愿意努力提升电召新模式的服务质量。反过来，市场条件的成熟也会为乘客带来更大的收益，最终两者将会收到合作共赢带来的巨大效益。由此可见，在政府的监管和参与下，乘客与出租车公司双方对电召模式的实施是一种反复学习、认知并逐渐适应的过程。乘客和出租车公司作为有限理性的参与者，其行为主要体现为在外界环境的影响下完成了学习—调整—适应—再学习—再调整—再适应的过程。因此，这种特征决定了混合服务模式的选择问题适合运用经济学上的演化博弈论来研究。

在研究多个参与主体的行为时，本书将电召新模式和约租车模式作为研究对象，构建演化博弈研究的策略集合。其中，电召新模式是指受政府监管的基于互联网软件平台的出租车服务模式，约租车模式则是指依据市场经济体制运营的预约租车服务模式（包括私家车服务）。本章所用的变量符号名称以及变量含义汇总见表8-1。

变量名称及含义汇总表 表8-1

名称	变量含义	名称	变量含义
M_1	政府对出租车公司给予的补贴额度（元）	S_1	乘客的策略空间
M_2	乘客选择电召服务需要额外支付的议价成本（元）	S_2	出租车公司的策略空间
M_3	政府对出租车公司实施的惩罚额度（元）	U_{x1}	乘客选择电召新模式的期望收益（元）
x	乘客选择电召新模式出行概率	U_{x2}	乘客选择约租车模式的期望收益（元）
y	出租车公司运营电召新模式的概率	$\bar{U}_x$	乘客选择两种模式的平均期望收益（元）

续上表

名称	变量含义	名称	变量含义
μ	博弈双方均选择电召新模式带来的合作共赢增长因子	U_{y1}	出租车公司运营电召新模式的期望收益(元)
T	乘客获得的收益(元)	U_{y2}	出租车公司运营约租车模式的期望收益(元)
C	出租车公司运营约租车模式的实际收益(元)	$\bar{U}_y$	出租车公司运营两种模式的平均期望收益(元)

8.2 演化博弈论适用性分析

政府在出租车系统发展规划中起着至关重要的作用。政府的监督管理行为直接影响着出租车公司的运营和出行者的出行选择决策。在实施政府监管的出租车系统中,出租车公司和出行者双方互利互惠,出租车公司为出行者提供服务并获取利润,而出行者经由运营者满足自身需求并支付所需费用。针对出租车运营策略选择而言,这两者构成了博弈双方关系。在政府的监督和管理下,博弈双方最终实现均衡状态。基于此,本书将分析政府监管行为对出行者和出租车公司所构成的博弈关系产生的影响。

由于政府、出租车公司和出行者的行为都是动态变化的,随着时间的推移,他们之间的关系也在不断演变,因此本书将运用演化博弈论作研究。Smith 等(1972)最早提出了演化稳定策略(Evolution Stable Strategy, ESS)的概念,并对演化博弈论做了深入研究。演化博弈论将博弈理论和动态演化过程分析相结合,最早用于进化生物学研究,对生物进化中的现象能够作出较好的解释。演化博弈论从有限理性出发,认为参与人的行为是一个动态调整的过程,整个演化进程总是处于一个向动态均衡不断接近的过程。

演化稳定策略是演化博弈的基本概念。从字面来看,演化稳定策略是一个静态概念,但它描述的却是动态系统的局部稳定特征。演化稳定策略的基本思想是:一个 ESS 策略是这样的策略,当某个种群使用该策略时,另一个策略由于不可能更好地改善它而不能侵入它。因此,当一个种群使用一个策略 s^* 时,用其他任何策略 s 的突变者都不能入侵这个群体,一旦侵入将会收到比原来参与人更高的支付。

依据 ESS 的定义可知演化稳定策略有如下的性质。

(1)性质 1。如果策略 s^* 是演化稳定策略,那么对任何 $s' \in S$ 都有 $f(s^*,s^*) > f(s',s*)$ 成立。

(2)性质 2。如果策略 s^* 是演化稳定策略且对任何 s' 均满足 $f(s^*,s^*) = f(s',s*)$,那么必有 $f(s^*,s') > f(s',s')$ 成立。

(3)性质 3。如果策略 $s^* \in S$,满足性质 1:对于任何的 $s' \neq s^*$ 且 $s' \in S$,则有不等式 $f(s^*,s^*) > f(s',s^*)$ 成立;并且满足性质 2:$f(s^*,s^*) = f(s',s^*)$ 隐含了 $f(s^*,s') > f(s',s')$,那么策略 s^* 是演化稳定策略。

在演化博弈论中,引入复制者动态系统来分析不同种群选择策略的动态演化过程,反映各种群反复调整和学习的进程,刻画子群体在数量上不断调整的动态过程。通常情况下,根据环境特征和系统的自身状态,子群体会选择不同的策略参与整个博弈过程,而且假定群体数量的增长是依赖于群体的适应能力的,适应能力越强的群体,其数量增长越快。此外,复制者动态系统假定参与者的行为是有限理性的,在不断参与重复博弈的过程中,可能起初无法找到最优策略,在伴随外界环境的变化和自身选择的改变,原本的最优策略可能会逐渐转变为普通策略。在这个动态变化过程中,需要种群参与者不断学习来重新构建最优策略并加以寻找。在生态系统中,复制者动态系统通常被用来描述群体的演化博弈过程。在考虑政府监督管理的背景下,本书将运用演化博弈论来描述乘客和出租车公司对混合服务模式的选择决策过程,分析政府的补贴或惩罚管理行为对混合服务模式选择结果的影响,探析出租车行业多主体行为对出租车服务的影响。

8.3 问题分析与描述

模型构建的背景作如下假设。

(1)假设一:出租车系统中,乘客行为符合第5章的出行者方式选择行为假设。

(2)假设二:出租车系统中,出租车公司的运营行为总是尽可能使自己的投入产出绩效达到最佳状态,即符合第6章的出租车公司运营行为假设。

在上述背景下,将提供服务的出租车公司作为博弈的一方,将出租车服务的消费者乘客作为博弈的另一方。在生产—消费出租车服务的过程中,出租车公司与乘客作服务模式选择实质上是一个动态演化过程,原因在于双方都是有限理性的行为人,在不完全信息情况下博弈双方需要经过多次的反复博弈才能形成最终的演化稳定策略。影响博弈双方作服务模式选择的主要因素还在于双方在策略选择过程中所获得的收益。基于此,本书运用演化博弈论来刻画出租车服务模式选择的博弈过程。

假定在作出行方式选择决策前,乘客拥有混合服务模式可供选择的对称信息,则乘客可以选择两种策略分别为:

(1)选择电召新模式出行。

(2)选择约租车模式出行。

出租车服务是面向广大群众提供运输服务的,具有准公共产品的性质,由此出租车公司的运营行为需要受到政府的管制和约束。而且,出租车公司在社会生活中提供服务的最终目的就是追求自身利益最大化。因此,出租车公司在实际运营中可以选择两种策略:

(1)运营电召新模式。

(2)运营约租车模式。

此时,乘客与出租车公司双方构成了一个博弈。只有事先考虑到对方的行动策略,博弈双方才能根据自己的支付收益正确地选择自己的策略。假定乘客和出租车公司各自均以某种概率分布来参与混合策略的博弈过程。

在上述博弈策略选择过程中,政府的监管行为体现为政府对出租车公司的补贴或者惩罚行为,即政府鼓励出租车公司提供电召新模式服务,鼓励的行为体现为对出租车公司给予补贴,补贴额度为 M_1;政府不鼓励出租车公司运营约租车服务,不支持的行为体现为对出租车公司实施惩罚,惩罚额度为 M_3。

乘客的博弈行为体现为针对出租车公司的运营决策作出自身的选择决策。假定乘客选择电召新模式出行的概率为 $x(0 \leqslant x \leqslant 1)$,选择约租车出行的概率为 $1-x$。当了解出租车公司运营电召新模式策略时,乘客也选择电召新模式出行,此时获得的收益最大,假定博弈双方均选择电召新模式带来的合作共赢增长因子设为 μ,则乘客的总收益可以表示为 $(1+\mu)T$;当了解出租车公司运营电召新模式策略时,乘客却选择了约租车模式出行,此时获得的收益最小,收益为0;当了解出租车公司运营约租车策略时,乘客也选择了约租车模式出行,对应的收益为 T;当了解出租车公司运营约租车策略时,乘客却选择电召新模式出行,对应的收益为 $T-M_2$,其中 M_2 表示出租车公司提供约租车服务,但乘客却选择电召新模式额外需要支付的议价成本。

出租车公司的博弈行为体现为针对乘客出行方式选择和政府的奖惩机制作出运营策略决策。假定出租车公司选择电召新模式策略的概率为 $y(0 \leqslant y \leqslant 1)$,运营约租车模式策略的概率为 $1-y$。在政府的监管下,当了解乘客选择电召新模式出行时,出租车公司也提供电召新模式的服务,此时博弈双方实现合作共赢局面,获得的收益最大,则出租车公司的收益为 $(1+\mu)C+M_1$;当了解乘客选择电召新模式出行时,出租车公司却选择了约租车策略对应的收益为 $C+M_2-M_3$;在乘客选择了约租车策略时,出租车公司也选择了约租车服务模式对应的收益为 $C-M_3$,其中 C 表示不考虑政府行为影响时出租车公司运营约租车模式的实际收益;在乘客乘坐约租车模式出行时,出租车公司运营电召新模式对应的收益为 M_1,这主要来自于政府的补贴。假设上述博弈收益表达式涉及的参数均大于0,并且假定出租车公司的实际收益大于乘客额外支付的成本,即为 $C>M_2$。

8.4 混合服务模式选择演化博弈模型

8.4.1 演化博弈模型构建

从8.3节的问题描述中可知,乘客和出租车公司是博弈过程的直接参与者,而且出租车公司的行为受到政府的管制。这个博弈过程可以表述为:$i=\{1,2\}$,这里 $i=1$ 用来描述博弈一方——乘客,$i=2$ 用来描述博弈另一方——出租车公司。

一个博弈各参与方的策略空间可以描述为:S_i,$i=\{1,2\}$;出租车乘客的策略空间表示为 $S_1=\{S_{11},S_{12}\}$ = {电召新模式出行,约租车出行},出租车公司的策略空间表示为 $S_2=\{S_{21},S_{22}\}$ = {运营电召新模式,运营约租车};收益函数表示为 u_i,$i=\{1,2\}$。

当乘客选择电召新模式出行时,出租车公司也提供电召新模式服务时,该策略组合下双方收益可以表示为:

$$\begin{cases} u_1\{S_{11},S_{21}\}=(1+\mu)T \\ u_2\{S_{11},S_{21}\}=(1+\mu)C+M_1 \end{cases} \tag{8-1}$$

当乘客选择电召新模式出行时，出租车公司提供约租车服务时，该策略组合下双方收益可以表示为：

$$\begin{cases} u_1\{S_{11},S_{22}\} = T - M_2 \\ u_2\{S_{11},S_{22}\} = C + M_2 - M_3 \end{cases} \tag{8-2}$$

当乘客乘坐约租车出行时，出租车公司提供电召新模式服务时，该策略组合下双方收益可以表示为：

$$\begin{cases} u_1\{S_{12},S_{21}\} = 0 \\ u_2\{S_{12},S_{21}\} = M_1 \end{cases} \tag{8-3}$$

当乘客乘坐约租车出行时，出租车公司也提供约租车服务时，该策略组合下双方收益可以表示为：

$$\begin{cases} u_1\{S_{12},S_{22}\} = T \\ u_2\{S_{12},S_{22}\} = C + M_3 \end{cases} \tag{8-4}$$

在政府监管行为的影响下，混合服务模式选择博弈模型的收益矩阵见表8-2。

混合服务模式选择博弈模型的收益矩阵　　表8-2

博弈方	策　略	出租车公司	
		电召新模式(y)	约租车($1-y$)
乘客	电召新模式(x)	$((1+\mu)T, (1+\mu)C+M_1)$	$(T-M_2, C+M_2-M_3)$
	约租车($1-x$)	$(0, M_1)$	$(T, C-M_3)$

混合服务模式选择博弈模型的博弈树如图8-1所示。

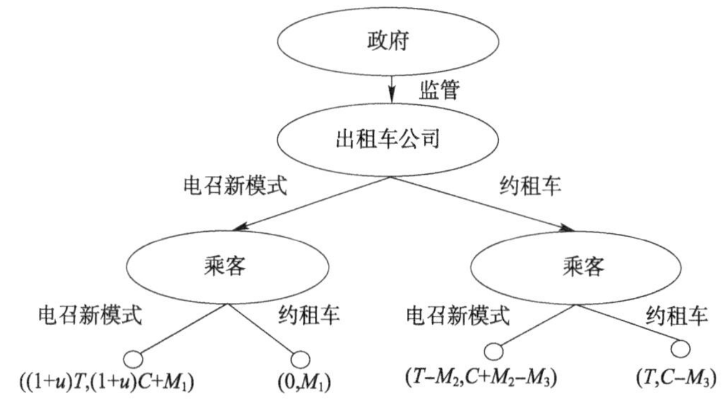

图8-1　混合服务模式选择博弈模型的博弈树

乘客选择电召新模式和约租车出行时的期望收益分别表示为 U_{x1}、U_{x2} 以及平均期望收益 $\bar{U}_x$，则它们的表达式可以写为：

$$U_{x1} = y(1+\mu)T + (1-y)(T-M_2)$$

$$U_{x2} = y \times 0 + (1-y) \times T$$

$$\bar{U}_x = xU_{x1} + (1-x)U_{x2} = xyT(1+\mu) + x(1-y)(T-M_2) + (1-x)(1-y)T \tag{8-5}$$

式中：U_{x1}——乘客选择电召新模式的期望收益，元；

U_{x2}——乘客乘坐约租车模式的期望收益，元；

$\bar{U}_x$——乘客选择两种模式的平均期望收益，元；

x ——乘客选择电召新模式出行的概率；

y ——出租车公司运营电召新模式的概率；

μ ——博弈双方均选择电召新模式带来的合作共赢增长因子；

T ——乘客获得的收益，元；

M_2 ——乘客选择电召新模式需要额外支付的议价成本，元。

出租车公司采取电召新模式和约租车策略时的期望收益分别表示为 U_{y1} 、U_{y2} 以及平均期望收益 $\bar{U}_y$ ，则它们的表达式可以写为：

$$U_{y1} = x[(1+\mu)C + M_1] + (1-x)M_1 = Cx(1+\mu) + M_1$$

$$U_{y2} = x(C + M_2 - M_3) + (1-x)(C - M_3) = xM_2 - M_3 + C$$

$$\bar{U}_y = yU_{y1} + (1-y)U_{y2} = y[Cx(1+\mu) + M_1] + (1-y)(xM_2 - M_3 + C) \tag{8-6}$$

式中：U_{y1} ——出租车公司运营电召新模式的期望收益，元；

U_{y2} ——出租车公司运营约租车模式的期望收益，元；

$\bar{U}_y$ ——出租车公司运营两种模式的平均期望收益，元；

C ——出租车公司运营约租车模式的实际收益，元；

M_1 ——政府对出租车公司给予的补贴额度，元；

M_3 ——政府对出租车公司实施的惩罚额度，元。

演化博弈分析是运用复制动态方程得出平衡解，然后通过演化稳定策略来分析均衡解的性质，再对出租车系统的演化进程进行判断。根据式(8-5)和式(8-6)，可以分别得到乘客和出租车公司均采取电召新模式对应的复制动态方程，见式(8-7)和式(8-8)。

$$G(x) = \frac{dx}{dt} = x(U_{x1} - \bar{U}_x) = x(1-x)[(T + T\mu + M_2)y - M_2] \tag{8-7}$$

$$G(y) = \frac{dy}{dt} = y[U_{y1} - \bar{U}_y] = y(1-y)[(C + C\mu - M_2)x + M_1 + M_3 - C] \tag{8-8}$$

要使混合服务模式选择博弈模型具有演化稳定策略，必须同时满足：

$$\begin{cases} G(x) = \dfrac{dx}{dt} = 0 \\ G(y) = \dfrac{dy}{dt} = 0 \end{cases} \tag{8-9}$$

求解式(8-9)的微分方程可以得到：

$$x=0, x=1, y^* = \frac{M_2}{T + T\mu + M_2}$$

$$y=0, y=1, x^* = \frac{C - M_1 - M_3}{C + C\mu - M_2}$$

因此，上述演化博弈模型构成的复制动态系统有 5 个局部平衡点，分别为：A(0,0)、B(0,1)、C(1,0)、D(1,1)、E$\left(x^* = \frac{C - M_1 - M_3}{C + C\mu - M_2}, y^* = \frac{M_2}{T + T\mu + M_2}\right)$。只有当 $0 < x^* = \frac{C - M_1 - M_3}{C + C\mu - M_2} < 1$ 和 $0 < y^* = \frac{M_2}{T + T\mu + M_2} < 1$ 时，E 点才能够作为平衡点存在，也就是说，此时

不等式 $C\mu + M_1 + M_3 - M_2 > 0$ 成立是前提条件。

8.4.2 局部稳定性分析

根据 Friedman(1991)的研究成果可知,微分方程系统可以用来描述群体的演化博弈动态特性,其平衡点的稳定性一般由演化博弈模型对应的雅可比矩阵的局部稳定性来分析。由复制动态系统方程式(8-7)和式(8-8)可得,混合服务模式选择博弈模型的雅可比矩阵为:

$$J = \begin{bmatrix} \frac{\partial G(x)}{\partial x} & \frac{\partial G(x)}{\partial y} \\ \frac{\partial G(y)}{\partial x} & \frac{\partial G(y)}{\partial y} \end{bmatrix}$$

$$= \begin{bmatrix} (1-2x)[(T+T\mu+M_2)y-M_2] & x(1-x)(T+T\mu+M_2) \\ y(1-y)(C+C\mu-M_2) & (1-2y)[(C+C\mu-M_2)x+M_1+M_3-C] \end{bmatrix}$$

利用式(8-10)和式(8-11)计算矩阵的行列式值和迹值为:

$$Det(J) = \frac{\partial G(x)}{\partial x} \cdot \frac{\partial G(y)}{\partial y} - \frac{\partial G(x)}{\partial y} \cdot \frac{\partial G(y)}{\partial x}$$

$$= (1-2x)[(T+T\mu+M_2)y-M_2](1-2y)[(C+C\mu-M_2)x+M_1+M_3-C] - x(1-x)(T+T\mu+M_2)y(1-y)(C+C\mu-M_2) \tag{8-10}$$

$$Tr(J) = \frac{\partial G(x)}{\partial x} + \frac{\partial G(y)}{\partial y}$$

$$= (1-2x)[(T+T\mu+M_2)y-M_2] + (1-2y)[(C+C\mu-M_2)x+M_1+M_3-C] \tag{8-11}$$

当 $Det(J) \neq 0$ 时,雅可比矩阵 J 是非奇异矩阵,具有唯一解。根据式(8-10)和式(8-11),对5个平衡点的行列式的值和迹的值分别计算,结果见表8-3。

混合服务模式选择博弈模型的雅可比矩阵结果　　表8-3

平衡点	$Det(J)$	$Tr(J)$
A(0,0)	$-M_2(M_1+M_3-C)$	$-M_2+M_1+M_3-C$
B(0,1)	$(T+T\mu)[C-(M_1+M_3)]$	$T+T\mu+C-(M_1+M_3)$
C(1,0)	$M_2(C\mu-M_2+M_1+M_3)$	$M_2+C\mu-M_2+M_1+M_3$
D(1,1)	$(T+T\mu)(C\mu-M_2+M_1+M_3)$	$-(C\mu-M_2+M_1+M_3)-(T+T\mu)$
E(x^*,y^*)	$(M_1+M_3-C)(C+C\mu-M_2)$	0

注:为方便表达,E点对应的 $Det(J)$ 仅罗列了决定该值符号的式子。

根据表8-3的取值情况,要想判断各平衡点对应的 $Det(J)$ 和 $Tr(J)$ 的符号,需要将参数之间的关系划分为不同情境进行判断。这些情境对应的判定条件以及各种情境下演化稳定策略的判定结果见表8-4。其中,情境一表示政府实施补贴额度大于出租车公司运营约租车模式实际收益(收益-政府惩罚)的情况,在这种情况下出租车公司更倾向于运营电召新模式策略;情境二表示政府补贴小于或等于出租车公司运营约租车模式的实际收益的情况,在这种情况下博弈双方的稳定策略需要依据各种影响因素具体确定；情境三表示出租车公司运营约租车模式所得到的额外收益（乘客额外支付的成本－政府惩罚）大于运营电召新模式所得的额外收益（政府补贴＋合作共赢带来的收益）的情况，在这种情况下出租车公司更倾向于运营约租车模式策略。

混合服务模式选择博弈模型的局部稳定性分析结果　　表 8-4

情　境	判定条件	平衡点	$Det(J)$	$Tr(J)$	判定结果
情境一	$M_1 + M_3 > C$ $C > M_2$	A(0,0)	-	+/-	不稳定
		B(0,1)	-	+/-	不稳定
		C(1,0)	+	+	不稳定
		D(1,1)	+	-	稳定（ESS）
		E(x^* , y^*)	-	0	鞍点
情境二	$C \geqslant M_1 + M_3 \geqslant M_2 - C\mu$	A(0,0)	+	-	稳定（ESS）
		B(0,1)	+	+	不稳定
		C(1,0)	+	+	不稳定
		D(1,1)	+	-	稳定（ESS）
		E(x^* , y^*)	-	0	鞍点
情境三	$M_1 + M_3 < M_2 - C\mu$	A(0,0)	+	-	稳定（ESS）
		B(0,1)	+	+	不稳定
		C(1,0)	-	+/-	不稳定
		D(1,1)	-	+/-	不稳定

8.5　算例研究

本书运用 Matlab 仿真软件对混合服务模式选择博弈模型进行了数值仿真分析，理清不同的初始值点向平衡点演化的轨迹和进程。为观察初始点对演化策略稳定性的影响，本书设置任意 8 组[x,y]对应的初始值作研究，它们分别是[0.4,0.6]、[0.3,0.5]、[0.2,0.8]、[0.6,0.4]、[0.8,0.3]、[0.5,0.2]、[0.2,0.1]和[0.1,0.5]。在算例分析中，假定博弈双方均选择电召新模式策略的合作共赢因子设为 $\mu = 0.8$ 。在多参与主体行为对混合服务模式选择的影响分析中，政府监管行为采用 M_1 和 M_3 指标来分析，乘客出行方式选择行为采用收益 T 指标来分析，出租车公司运营行为则采用收益 C 指标来分析。在分析某个参与主体行为的影响时，假定另外两个参与主体行为的影响不变。

8.5.1　政府监管行为影响分析

在讨论政府监管行为的影响时，乘客出行方式选择行为的影响不变，即设 $T = 10$。与此同时,出租车公司运营行为的影响不变,即设 $C=15$。根据表 8-4 对各种情境的划分,给出政府实施补贴或惩罚策略的指标数值,以此分析监管策略发生变化对演化稳定策略的影响。在此基础上,将仿真时间窗的范围设为[0,5],本书给出了 3 类复制动态相位图,分别是 $Y-X$ 图,$X-t$ 图和 $Y-t$ 图。其中,$Y-X$ 图表示出租车公司选择策略的比例随乘客选择策略比例的变化而变化,在[0,1]×[1,0]空间中演化;$X-t$ 图表示乘客选择服务模式的比例随时间变化的演化进程;$Y-t$ 图表示出租车公司选择策略的比例随时间变化的演化进程。

(1)情境一。

满足 $M_1+M_3>C$ 且 $C>M_2$ 的判定条件,假设政府给予补贴额度是 $M_1=12$,政府实施惩罚额度是 $M_3=6$,在有电召新模式运营的出租车市场中,乘客需要支付的额外成本相对较低,设为 $M_2=5$。

在情境一中,政府对采取电召新模式策略的出租车公司给予补贴机制,对采取约租车策略的出租车公司实施惩罚措施,并且补贴力度大于出租车公司实际收益时,乘客—出租车公司博弈双方将最终稳定于(电召新模式,电召新模式)策略。此时,复制动态系统仅有一种演化稳定策略,即为 D(1,1)平衡点对应的策略。此种情境下,$Y-X$ 类复制动态相位图如图 8-2所示。

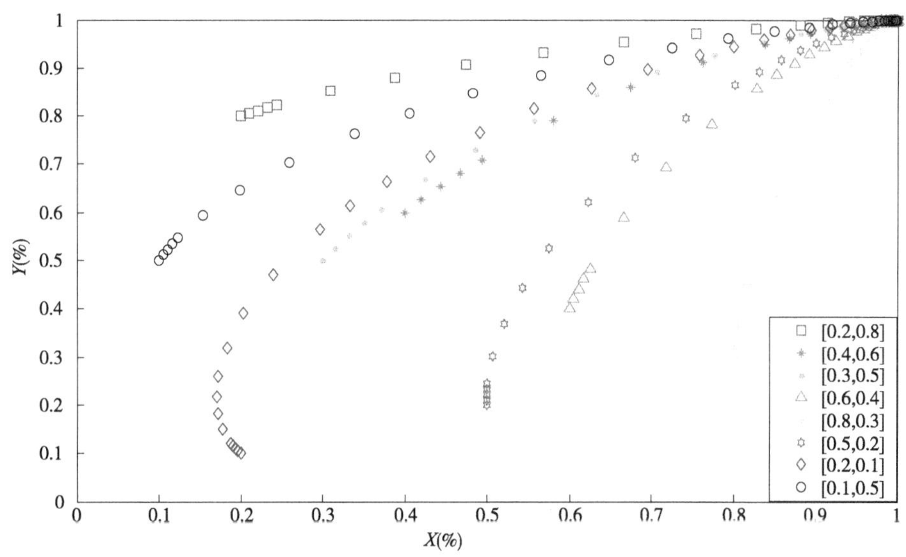

图 8-2 $Y-X$ 类复制动态相位图(ESS:D(1,1))

图 8-2 显示了$[x,y]$的不同初始点趋向于平衡点 D(1,1)稳定均衡策略的演化路径。在这种政府监管且出租车公司获利的情境下,出租车公司会积极配合政府来实现整个行业制定的发展规划,向政府的政策导向靠拢,调整自身的运营策略逐渐向电召新模式策略方向转变。反过来,在以电召新模式为主导的出租车市场条件逐渐成熟的背景下,乘客也会越来越多地转向选择乘坐电召出租车。这样,在博弈双方的积极配合下,两者会收到合作共赢的最佳效果,也更有利于出租车行业的整体发展。

图 8-3 和图 8-4 分别显示了在模拟时间范围内 x 和 y 的不同初始点趋向于稳定均衡策略的演化路径。

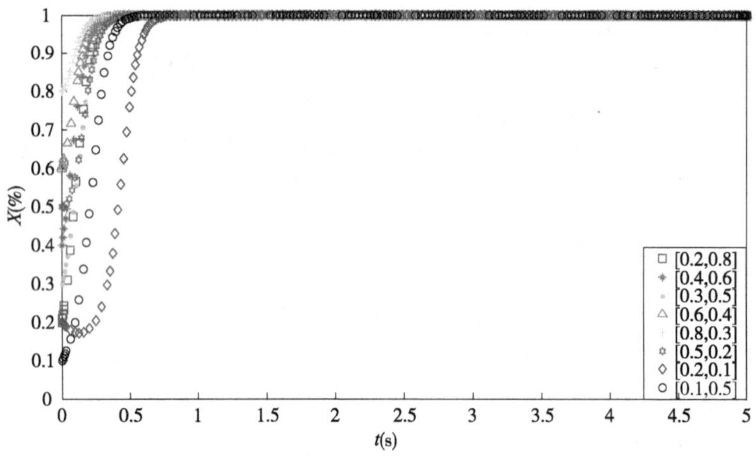

图 8-3 $X-t$ 类复制动态相位图(ESS:D(1,1))

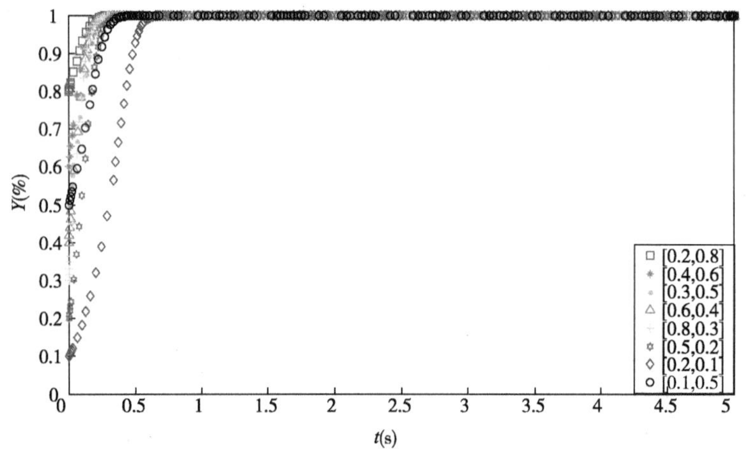

图 8-4 $Y-t$ 类复制动态相位图(ESS:D(1,1))

(2)情境二。

满足 $C \geqslant M_1 + M_3$ 且 $M_1 + M_3 \geqslant M_2 - C\mu$ 的判定条件,假设政府给予补贴额度是 $M_1 = 10$,政府实施惩罚额度是 $M_3 = 4$,在有电召新模式运营的出租车市场中,乘客需要支付的额外成本相对较低,设为 $M_2 = 5$。

在情境二中,政府对电召新模式策略的出租车公司采取的补贴力度要小于实际收益时,乘客—出租车公司博弈双方将最终稳定于(约租车模式,约租车模式)策略。与情境一相反,虽然政府参与但给予补贴的力度较小时,出租车公司往往会因为具有追逐利益的本质而选择运营约租车策略,不再向政府预期的方向发展。在这种情况下,以约租车模式为主导的市场逐渐成熟,乘客将越来越多地转向选择乘坐约租车出行。这种情境虽然也实现了博弈双方的积极配合,但却不利于出租车行业的整体发展。与此同时,当 $M_1 + M_3 \geqslant M_2 - C\mu$ 条件成立时,表明政府对选择电召新模式策略的出租车公司给予的补贴越大,对约租车策略的公司惩罚越大,并且采取电召新模式策略实现合作共赢的收益因子也越大时,乘客—出租车公司博弈双方将最终稳定于(电召新模式,电召新模式)策略的可能性也就越大。此种情境下,$Y-X$ 类复制动态相位图如图 8-5 所示。

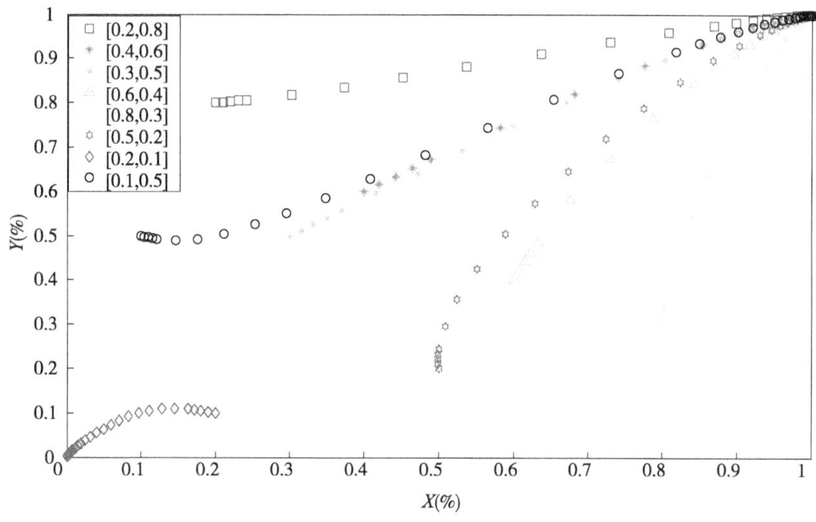

图 8-5 $Y-X$ 类复制动态相位图(ESS:D(1,1)和 A(0,0))

图 8-5 显示了$[x,y]$的不同初始点趋向于平衡点 D(1,1)和 A(0,0)的演化路径。其中,初始点分别取[0.2,0.8]、[0.4,0.6]、[0.3,0.5]、[0.6,0.4]、[0.8,0.3]、[0.5,0.2]和[0.1,0.5]时,$[x,y]$的变化最终都将趋向于平衡点 D(1,1)所对应的(电召新模式,电召新模式)稳定均衡策略,而初始点取[0.2,0.1]时,$[x,y]$的变化最终趋向于平衡点 A(0,0)所对应的(约租车模式,约租车模式)稳定均衡策略。这说明在相同的参数取值背景下,乘客—出租车公司博弈双方的演化稳定状态与各博弈方选择策略比例的初始值也有关系。如果乘客和出租车公司初始选择约租车策略的比例均较大,则最终稳定于平衡点 A(0,0)的可能性就会较大。

图 8-6 和图 8-7 分别显示了在模拟时间范围内 x 和 y 的不同初始点趋向于稳定均衡策略的演化路径。

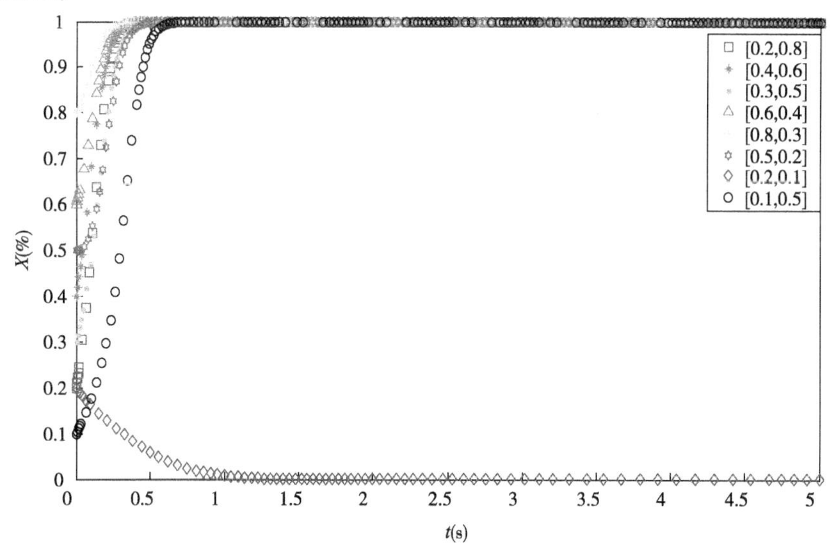

图 8-6 $X-t$ 类复制动态相位图(ESS:D(1,1)和 A(0,0))

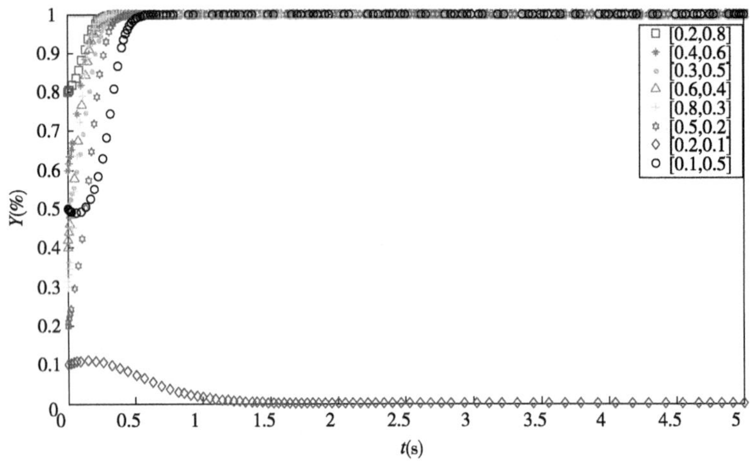

图 8-7 $Y-t$ 类复制动态相位图（ESS：D(1,1)和 A(0,0)）

(3)情境三。

满足 $M_1 + M_3 < M_2 - C\mu$ 的判定条件，假设政府给予补贴额度是 $M_1 = 4$，政府实施惩罚额度是 $M_3 = 4$，在没有电召新模式运营的出租车市场中，乘客需要支付的额外成本会相对较高，设为 $M_2 = 22$。

在情境三中，$x^* = \dfrac{C - M_1 - M_3}{C + C\mu - M_2} > 1$，导致平衡点 E($x^*$，$y^*$)不存在。此情境下，$Y-X$类复制动态相位图如图 8-8 所示。

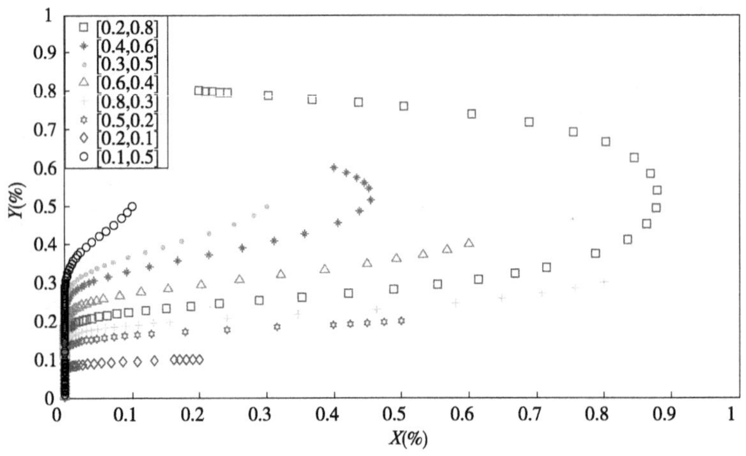

图 8-8 $Y-X$ 类复制动态相位图（ESS：A(0,0)）

图 8-8 显示[x,y]不同初始点趋向于平衡点 A(0,0)的演化路径。在此情境下，政府对采取电召新模式策略的出租车公司补贴越小，对采取约租车模式策略的公司惩罚越小，并且合作共赢的收益因子越小时，不等式 $M_1 + M_3 < M_2 - C\mu$ 成立的可能性就越大。此时，乘客—出租车公司构成的复制动态系统只有一个稳定策略，即 A(0,0)平衡点，也就是最终将稳定于(约租车模式，约租车模式)策略。

图 8-9 和图 8-10 表明 x 和 y 不同初始点趋向于约租车稳定均衡策略的演化路径。

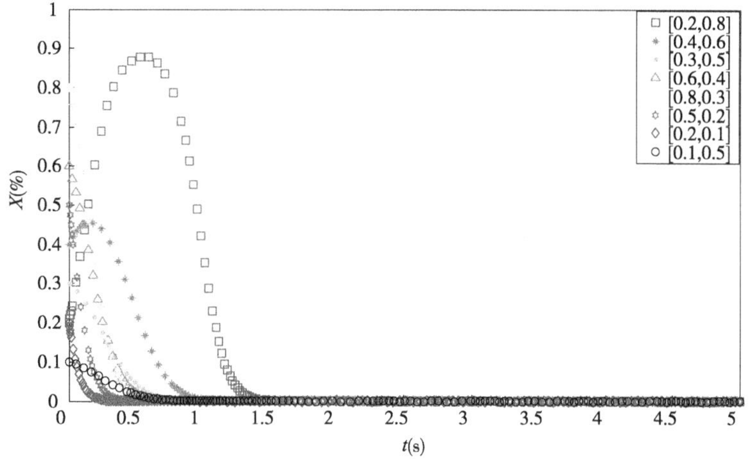

图 8-9　$X-t$ 类复制动态相位图（ESS：A(0,0)）

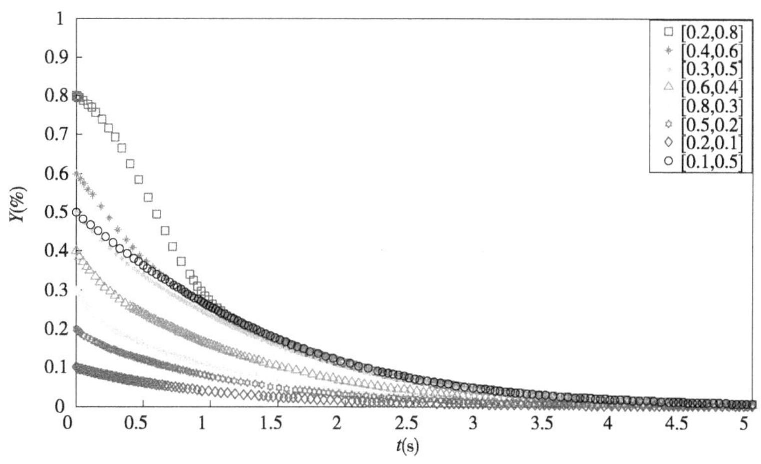

图 8-10　$Y-t$ 类复制动态相位图（ESS：A(0,0)）

8.5.2 乘客选择行为影响分析

在讨论乘客选择行为影响时，政府监管行为的影响不变，即各种管理情境下政府补贴或惩罚指标不变，并且符合表 8-4 的情境描述。与此同时，出租车公司运营行为的影响不变，即假设收益 $C=15$。根据表 8-4 对各种情境的划分，分析乘客出行方式选择行为的变化对演化稳定策略的影响。

(1)情境一。

在研究乘客收益 T 的变化时，情境一对应的复制动态方程表示为：

$$\begin{cases} G(x) = x(1-x)[(1.8T+5)y-5] = 0 \\ G(y) = y(1-y)(22x+3) = 0 \end{cases} \tag{8-12}$$

假定乘客收益 T 的取值范围为[10,50]元，观察 T 的变化对式(8-12)的复制动态系统产生的影响，如图 8-11 所示。图 8-11a)、b)分别表示 x,y 的初始值取[0.4,0.6]和[0.3,0.5]

时的三维复制动态相位图。其他初始值的影响变化情况参见附录。

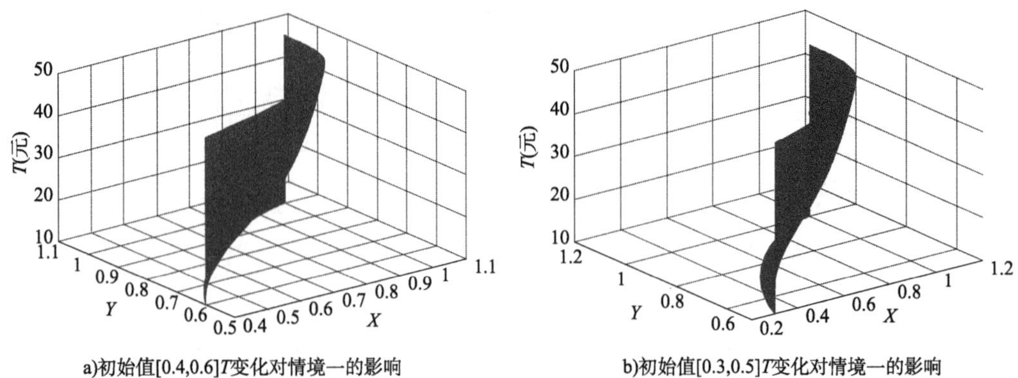

a)初始值[0.4,0.6]T变化对情境一的影响　　b)初始值[0.3,0.5]T变化对情境一的影响

图 8-11　初始值分别为[0.4,0.6]和[0.3,0.5]时 T 的变化对情境一产生的影响

从图 8-11a)、b)可见,随着乘客收益 T 的变化,初始值分别为[0.4,0.6]和[0.3,0.5]的复制动态系统对应的平面稳定均衡点均为(1,1)点,也就是说,在研究范围内不论 T 的取值如何变化,在 T 值对应的每个二维平面中,情境一的复制动态系统最终都将演化稳定至(1,1)点。

(2)情境二。

在研究乘客收益 T 的变化时,情境二对应的复制动态方程表示为:

$$\begin{cases}G(x) = x(1-x)[(1.8T+5)y-5] = 0\\ G(y) = y(1-y)(22x-1) = 0\end{cases} \tag{8-13}$$

仍将乘客收益 T 的取值范围设为[10,50]元,观察 T 的变化对式(8-13)的复制动态系统产生的影响,如图 8-12 所示。图 8-12a)、b)分别表示 x、y 的初始值取[0.4,0.6]和[0.3,0.5]时的三维复制动态相位图。其他初始值的变化情况参见附录。

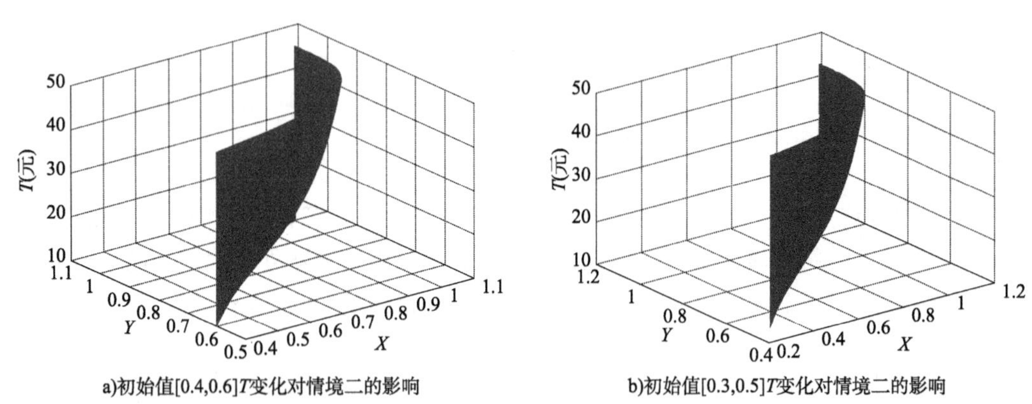

a)初始值[0.4,0.6]T变化对情境二的影响　　b)初始值[0.3,0.5]T变化对情境二的影响

图 8-12　初始值分别为[0.4,0.6]和[0.3,0.5]时 T 的变化对情境二产生的影响

从图 8-12a)、b)可见,随着乘客收益 T 的变化,初始值分别为[0.4,0.6]和[0.3,0.5]的复制动态系统对应的平面稳定均衡点均为(1,1)点,也就是说,在 T 值对应的每个二维平面中,以[0.4,0.6]和[0.3,0.5]作为初始值描述的情境二最终都将演化稳定至(1,1)点。

从表 8-4 对情境二的描述可知,演化稳定策略除了包括(1,1)点以外,还有一个(0,0)

点。当乘客收益 T 取[10,50]元并且初始值取为[0.2,0.1]时，随着乘客收益 T 的变化，三维复制动态相位图出现了两个不同的收敛点，这两个收敛点分别是(1,1)点和(0,0)点。根据仿真图形的收敛结果拆分 T 的取值范围，分别显示不同取值范围对应的收敛情况。当乘客收益 T 取为[10,17]元时，在 T 值对应的每个二维平面中，得到的复制动态系统的收敛点均为(0,0)点，如图8-13a)所示。当乘客收益 T 取为[17,50]元时，在 T 值对应的每个二维平面中，得到的复制动态系统的收敛点均为(1,1)点，如图8-13b)所示。

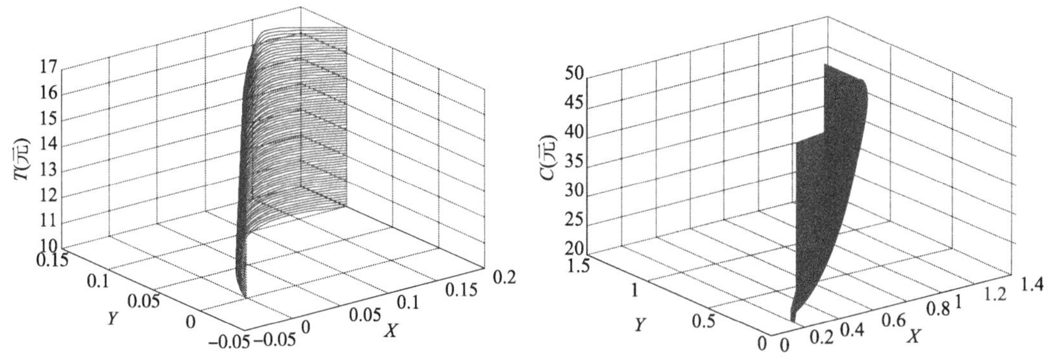

图8-13　初始值为[0.2,0.1]且 T 取值范围分别为[10,17]和[17,50]情境二的结果

(3)情境三。

在研究乘客收益 T 的变化时，情境三对应的复制动态方程表示为：

$$\begin{cases} G(x) = x(1-x)[(1.8T+22)y-22] = 0 \\ G(y) = y(1-y)(5x-7) = 0 \end{cases} \tag{8-14}$$

仍将乘客收益 T 的取值范围设为[10,50]元，观察 T 的变化对式(8-14)描述的复制动态系统的影响。图8-14a)、b)分别表示 x、y 的初始值取[0.4,0.6]和[0.3,0.5]时的三维复制动态相位图。其他初始值的影响情况参见附录。从图8-14a)、b)可见，随着乘客收益 T 的变化，在 T 值对应的二维平面中，初始值分别为[0.4,0.6]和[0.3,0.5]的系统的稳定均衡点为(0,0)点，即情境三最终都将演化稳定至(0,0)点。

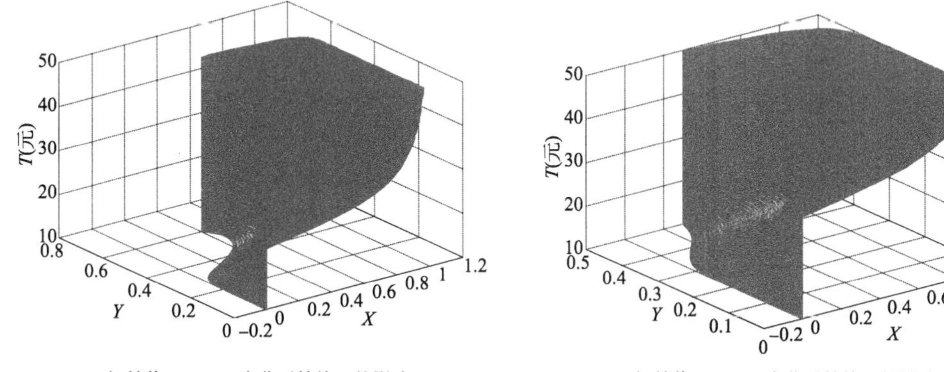

图8-14　初始值分别为[0.4,0.6]和[0.3,0.5]时 T 的变化对情境三产生的影响

8.5.3 出租车公司运营行为影响分析

在讨论出租车公司运营行为的影响时,政府监管行为的影响不变,即各种管理情境下政府补贴或惩罚指标不变,并且符合表 8-4 的情境描述。与此同时,乘客选择行为的影响不变,即设 $T = 10$ 元。根据表8-4 对各种情境的划分,分析出租车公司运营行为变化对演化稳定策略的影响。

(1)情境一。

在研究出租车公司收益 C 的变化时,依据情境一的条件,得到的复制动态方程为:

$$\begin{cases} G(x) = x(1-x)(23y-5) = 0 \\ G(y) = y(1-y)[(1.8C-5)x+18-C] = 0 \end{cases} \tag{8-15}$$

根据表 8-4 判定条件和情境一的参数取值,可得出租车公司收益 C 的取值范围为[5,18]元,由此观察 C 的变化对式(8-15)描述的复制动态系统的影响。图 8-15a)、b)分别表示 x、y 的初始值取[0.4,0.6]和[0.3,0.5]时的三维复制动态相位图。其他初始值的影响情况参见附录。从图 8-15a)、b)可见,随着出租车公司收益 C 的变化,在 C 值对应的每个二维平面中,初始值分别为[0.4,0.6]和[0.3,0.5]的复制动态系统对应的平面稳定均衡点均为(1,1)点,即研究范围内不论 C 取值如何变化,情境一最终都将演化稳定至(1,1)点。

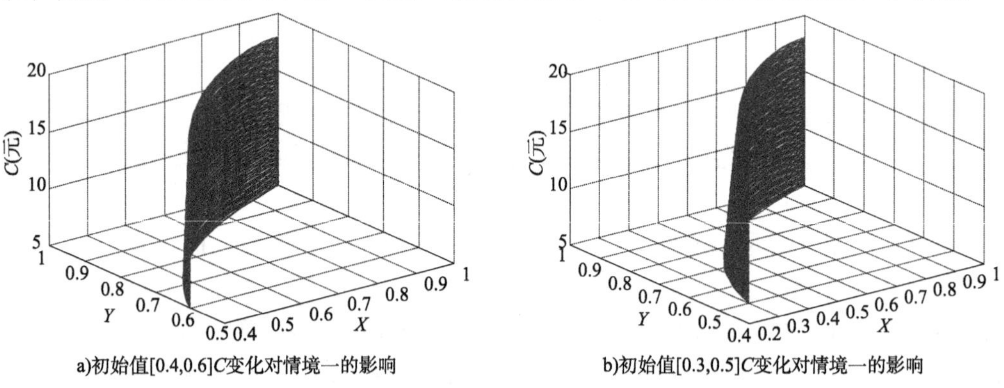

图 8-15 初始值分别为[0.4,0.6]和[0.3,0.5]时 C 的变化对情境一产生的影响

(2)情境二。

在研究出租车公司收益 C 的变化时,依据情境二的条件,得到的复制动态方程为:

$$\begin{cases} G(x) = x(1-x)(23y-5) = 0 \\ G(y) = y(1-y)[(1.8C-5)x+14-C] = 0 \end{cases} \tag{8-16}$$

根据表 8-4 判定条件以及情境二的参数取值,可知 C 的取值范围为[14, +∞]元。假定出租车公司运营收益 C 的范围为[14,50]元,观察 C 的变化对式(8-16)描述的复制动态系统的影响。图 8-16a)、b)分别表示 x、y 的初始值取[0.4,0.6]和[0.3,0.5]时系统的三维复制动态相位图。其他初始值的影响情况参见附录。从图 8-16a)、b)可见,随着出租车公司运营收益 C 的变化,在 C 值对应的每个二维平面中,初始值分别为[0.4,0.6]和[0.3,0.5]的复制动态系统对应的平面稳定均衡点均为(1,1)点,即研究范围内不论 C 取值如何变化,情境二中出行者行为和运营者行为最终都将演化稳定至(1,1)点对应的均衡策略。

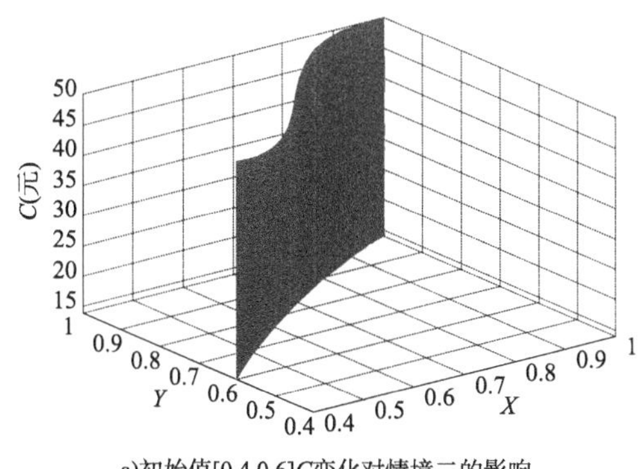

a)初始值[0.4,0.6]C变化对情境二的影响

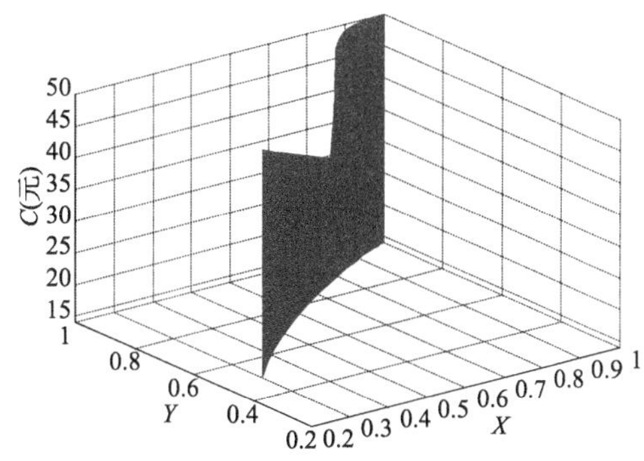

b)初始值[0.3,0.5]C变化对情境二的影响

图 8-16　初始值分别为[0.4,0.6]和[0.3,0.5]时 C 的变化对情境二产生的影响

此外,除了(1,1)点外,情境二的演化稳定策略还有一个(0,0)点。当出租车公司收益 C 取[14,50]元并且初始值分别取为[0.2,0.1]和[0.1,0.5]时,随着 C 的变化,在 C 值对应的每个二维平面中,得到的复制动态相位图出现了两个不同的收敛点,它们分别是(1,1)点和(0,0)点。由此,根据仿真图形的收敛结果拆分 C 的取值范围,分别显示不同范围对应的演化稳定情况。当初始值为[0.2,0.1]时,收益 C 取为[14,20]元时,在 C 值对应的每个二维平面中,复制动态系统得到的收敛点是(1,1)点,如图 8-17a)所示。当初始值为[0.2,0.1]时,收益 C 为[20,50]元时,在 C 值对应的每个二维平面中,得到的收敛点是(0,0)点,如图 8-17b)所示。

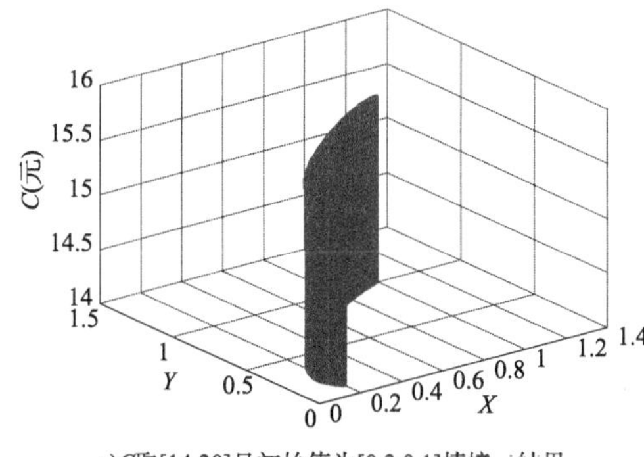

a)C取[14,20]且初始值为[0.2,0.1]情境二结果

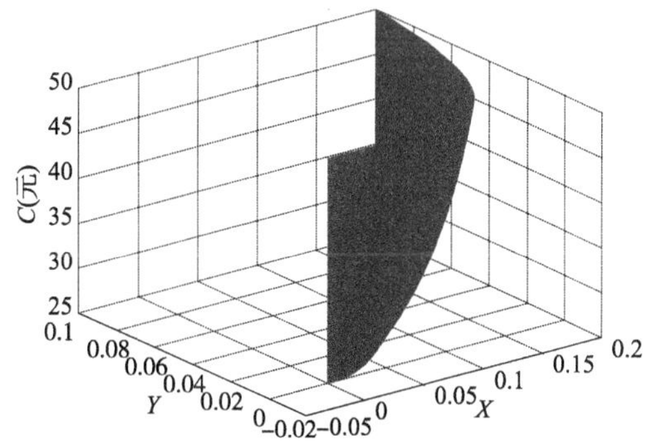

b)C取[20,50]且初始值为[0.2,0.1]情境二结果

图 8-17　初始值为[0.2,0.1]且 C 取值范围分别为[14,20]和[20,50]情境二的结果

当初始值为[0.1,0.5]时,收益 C 取为[14,25]元时,复制动态系统得到的收敛点是(1,1)点,如图 8-18a)所示。当初始值为[0.1,0.5],并且当出租车公司的运营收益 C 取为[25,50]元时,复制动态系统得到的收敛点是(0,0)点,如图 8-18b)所示。

由图 8-16、图 8-17 和图 8-18 联合可知,虽然分析的情境都是相同的,但是复制动态系统的演化稳定策略却因初始点和运营收益 C 的不同而有所差异。随着运营收益 C 的变化,在 C 值对应的每个二维平面中,某些复制动态系统出现了两个收敛点,而某些系统仍为一个收敛点。但是无论怎样变化,这些复制动态系统的收敛点仍符合表 8-4 对情境二的描述结论,也就是说,情境二对应的演化稳定策略只可能有(0,0)点或者(1,1)点。

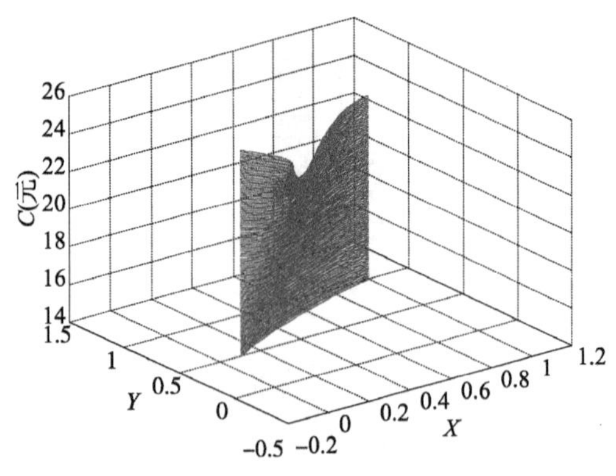

a)C取[14,25]且初始值为[0.1,0.5]情境二结果

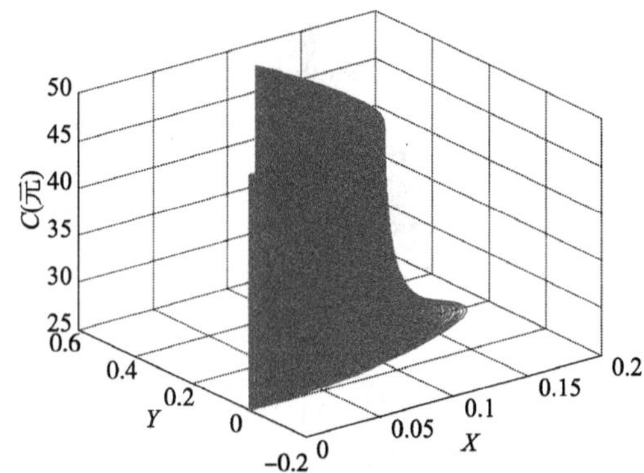

b)C取[25,50]且初始值为[0.1,0.5]情境二结果

图 8-18　初始值为[0.1,0.5]且 C 取值范围分别为[14,25]和[25,50]情境二的结果

(3)情境三。

在研究出租车公司收益 C 的变化时,依据情境三的条件,得到的复制动态方程为:

$$\begin{cases} G(x) = x(1-x)(40y-22) = 0 \\ G(y) = y(1-y)[(1.8C-22)x+8-C] = 0 \end{cases} \tag{8-17}$$

根据表 8-4 判定条件以及情境三的参数取值,可知 C 的取值范围为[0,14]元。在仿真过程中发现,如果收益 C 的取值过小,复制动态系统将出现杂乱无章的情况。为使运营收益 C 的影响分析对模型有意义,这里假定收益 C 的范围为[10,14]元。图 8-19a)、b)分别表示 x、y 的初始值取[0.4,0.6]和[0.3,0.5]时的三维复制动态相位图。其他初值的变化情况参见附录。

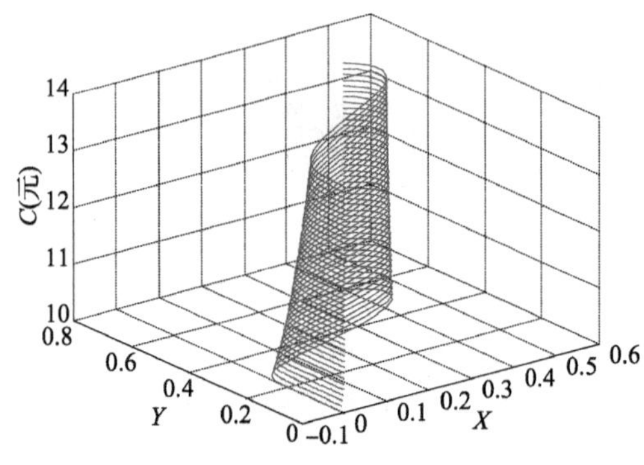

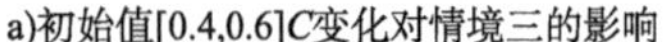
a)初始值[0.4,0.6]C变化对情境三的影响

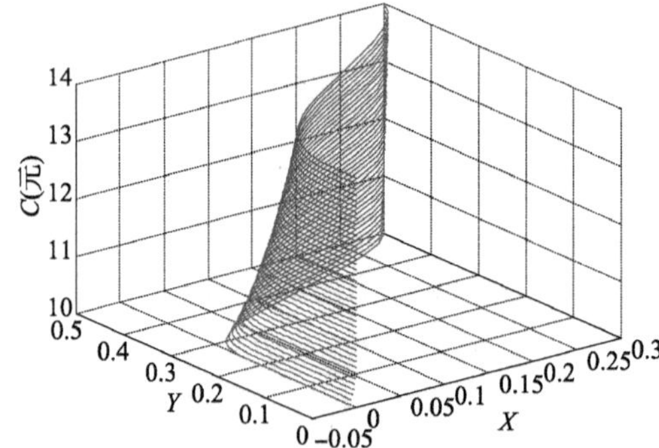

b)初始值[0.3,0.5]C变化对情境三的影响

图 8-19　初始值分别为[0.4,0.6]和[0.3,0.5]时 C 的变化对情境三产生的影响

从图 8-19 a)、b)可见,随着运营收益 C 的变化,在 C 值对应的每个二维平面中,初始值分别为[0.4,0.6]和[0.3,0.5]的复制动态系统对应的平面稳定均衡点均为(0,0)点,即研究范围内不论 C 取值如何变化,情境三中出行者行为和运营者行为最终都将演化稳定至(0,0)点对应的均衡策略。

8.6 实证研究

8.6.1 演化博弈模型参数设置

通过本章的分析可知，出租车公司收益和出行者收益对混合服务模式选择的演化稳定策略有着较大的影响。在实证分析中，试验路网中的出租车公司收益和出行者收益都是确定的。为获得这两个变量的数值，本书运用求解随机用户均衡分配问题的 Dial 算法来计算试验路网的交通分配结果。所需要的路网参数设置见表5-4。在5.7.1 节中，以1、3、4、9、12和13 等6 个交通小区作研究对象，这里仍然对这6 个交通小区进行研究。以 OD 对(1,13)为例，经由5.7.1 节出租车供需均衡模型的计算可以得到在均衡状态下 OD 对(1,13)之间的出租车总交通需求为134 人/h。然后，经由 Dial 算法的计算，可以得到路网均衡分配的结果如图 8-20 所示。

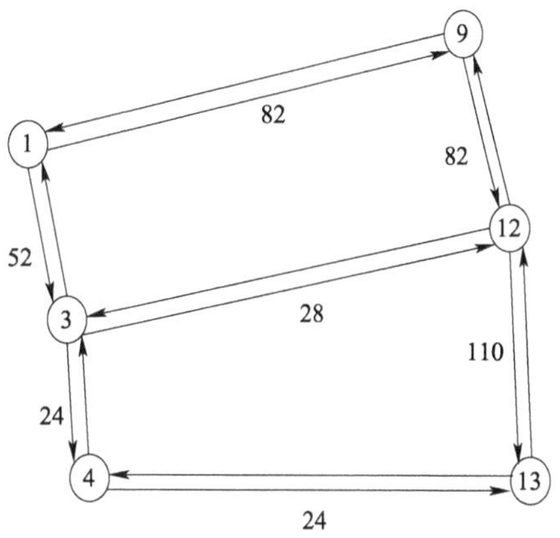

图 8-20　随机用户均衡分配结果

在路网流量分配的基础上，计算出租车公司的运营收益。根据胡晓伟(2013)研究成果可知，2012 年北京市出租车平均每天燃油费用为 299.88 元，平均每天出租车的运营里程为 360km，可以得到出租车单位里程的成本为0.83 元/km。通过对本书统计的 2012 年5 月至2013 年4 月期间哈尔滨市出租车运营数据作处理可知，哈尔滨市出租车日均油耗费用为238 元，出租车日均行驶里程为 320km，可以得到出租车单位里程的成本为0.74 元/km。综合上述分析，本书将出租车公司的日常运营成本设为两者的均值，即为 $c^0=0.785$ 元/km。图 8-20 试验路网中出租车公司的运营收益可以计算为：

$$C=\sum_a x_a f_0 l_a-\sum_a c^0 x_a l_a \tag{8-18}$$

式中：C——出租车公司的运营收益，元；

x_a——路段 a 上的交通流量，辆/h；

f_0——单位里程的价格系数，根据哈尔滨市实际数据可知 $f_0=1.9$，元/km；

l_a——路段 a 的道路长度，km；

c^0——出租车单位里程的运营成本，元/km。

在非集计模型中，可供选择的交通方式称为“选择枝”，某个选择枝的令人满意的程度称为效用。基于此，本书将出行方式选择的效用看作出行者收益，即：

$$T=\sum_a x_a(f_0 l_a+b_0 t_a+b_1 W) \tag{8-19}$$

式中：T——出行者的总收益，元；

b_0——车内时间价值系数,根据哈尔滨市实际情况可知 $b_0=20$,元/h;

b_1——候车时间价值系数,根据哈尔滨市实际情况可知 $b_1=25$,元/h;

W——乘客平均等待时间,根据哈尔滨市实际情况可知 $W=5$,min。

8.6.2 实证研究的局部稳定性分析

经计算可得,出租车公司总运营收益为493.389元,出行者总收益为2334.028元。根据局部稳定性分析可知,管理情境划分及其复制动态方程见表8-5。

管理情境划分和复制动态方程　　表8-5

情　境	判定条件	参数取值	复制动态方程
情境一	$M_1+M_3>C$ $C>M_2$	$M_1=500$ $M_3=200$ $M_2=134\times2=268$	$x(1-x)(4469.25y-268)=0$ $y(1-y)(620.1x+206.61)=0$
情境二	$C\geqslant M_1+M_3\geqslant M_2-C\mu$	$M_1=200$ $M_3=100$ $M_2=268$	$x(1-x)(4469.25y-268)=0$ $y(1-y)(620.1x-193.39)=0$
情境三	$M_1+M_3<M_2-C\mu$	$M_1=150$ $M_3=100$ $M_2=134\times5=670$	$x(1-x)(4871.25y-670)=0$ $y(1-y)(218.1x-243.39)=0$

表8-5中,情境一表示政府实施补贴额度大于出租车公司运营约租车模式实际收益(收益-政府惩罚)的情况;情境二表示政府补贴小于或等于出租车公司运营约租车模式的实际收益的情况;情境三表示出租车公司运营约租车模式得到的额外收益(乘客额外支付的成本-政府惩罚)大于运营电召新模式所得的额外收益(政府补贴+合作共赢带来的收益)的情况。

依据表8-5参数取值,复制动态系统的局部稳定性分析结果见表8-6。

局部稳定性分析结果　　表8-6

情　境	平衡点	$Det(J)$ 符号	$Tr(J)$ 符号	判定结果
情境一	A(0,0)	-	+/-	不稳定
	B(0,1)	-	+/-	不稳定
	C(1,0)	+	+	不稳定
	D(1,1)	+	-	稳定(ESS)
情境二	A(0,0)	+	-	稳定(ESS)
	B(0,1)	+	+	不稳定
	C(1,0)	+	+	不稳定
	D(1,1)	+	-	稳定(ESS)
	E(0.312,0.060)	-	0	鞍点

续上表

情　　境	平　衡　点	$Det(J)$ 符号	$Tr(J)$ 符号	判定结果
情境三	A(0,0)	+	−	稳定(ESS)
	B(0,1)	+	+	不稳定
	C(1,0)	−	+/−	不稳定
	D(1,1)	−	+/−	不稳定

从表8-6可以看出，情境一共有4个平衡点，其中仅有D(1,1)是稳定平衡点，即为演化稳定均衡策略。情境二共有5个平衡点，其中鞍点E点因在[0,1]范围内，因此也作为平衡点存在。情境二的演化稳定均衡策略对应的平衡点是A(0,0)和D(1,1)，表明随着y和x比例的变化，复制动态系统最终有可能稳定于A(0,0)或者D(1,1)点。情境三共有4个平衡点，其中仅有A(0,0)点对应演化稳定均衡策略。

8.6.3 政府监管行为实证分析

本书运用Matlab软件对基于试验路网数据的混合服务模式选择博弈模型作了仿真分析。仍以8组初始值为研究对象，本书分析了3种情境下混合服务模式选择博弈模型的演化进程。选择的初始值分别是[0.4,0.6]、[0.3,0.5]、[0.2,0.8]、[0.6,0.4]、[0.8,0.3]、[0.5,0.2]、[0.2,0.1]和[0.1,0.5]。

(1)情境一。

满足$M_1 + M_3 > C$且$C > M_2$的判定条件，政府对采取电召新模式策略的公司给予补贴机制，对采取约租车策略的公司采取惩罚措施，当补贴力度大于出租车公司的实际收益时，博弈双方最终稳定于(电召新模式，电召新模式)策略。此时，以试验路网数据为基础研究的复制动态系统仅有一个平衡点，即D(1,1)平衡点。此种情境下，$Y-X$类复制动态相位图如图8-21所示。

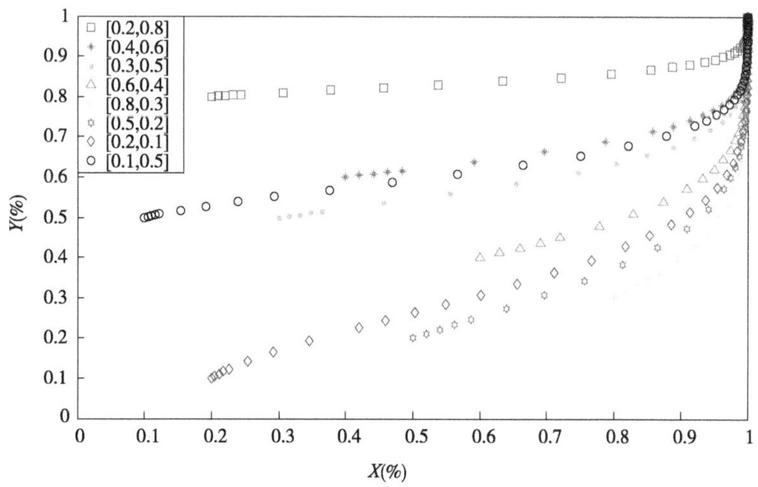

图8-21　情境一的复制动态相位图(ESS:D(1,1))

图8-21表明[x, y]的8组不同初始点趋向于平衡点D(1,1)稳定均衡策略的演化路径。此情境下,虽受政府管制但出租车公司是处于获利状态的,因此出租车公司一般会积极配合政府实施各种利于行业发展的政策,将自身的运营策略逐步转向运营电召新模式上来。反过来,伴随乘客逐步了解并体会电召新模式出行的好处,乘客也会愿意选择这种基于互联网的新出行模式。双方在互动中逐渐获取双赢的效果,对更好地推动哈尔滨市出租车系统发展也是很有帮助的。

(2)情境二。

如果满足$C \geqslant M_1 + M_3$的判定条件,博弈双方最终将稳定于(约租车模式,约租车模式)策略。此种情境下,出租车公司为了追逐自身利益往往选择运营约租车策略,偏离政府对行业规划的预期方向,促使约租车市场逐渐成熟,而乘客也愿意转向选择乘坐约租车出行。如果满足$M_1 + M_3 \geqslant M_2 - C\mu$的判定条件,当政府对运营电召新模式策略的公司补贴越大、对运营约租车策略的公司惩罚越大、采取电召新模式策略实现合作共赢的因子参数也越大时,(电召新模式,电召新模式)将最终成为演化稳定策略。此时,$Y-X$类复制动态相位图如图8-22所示。

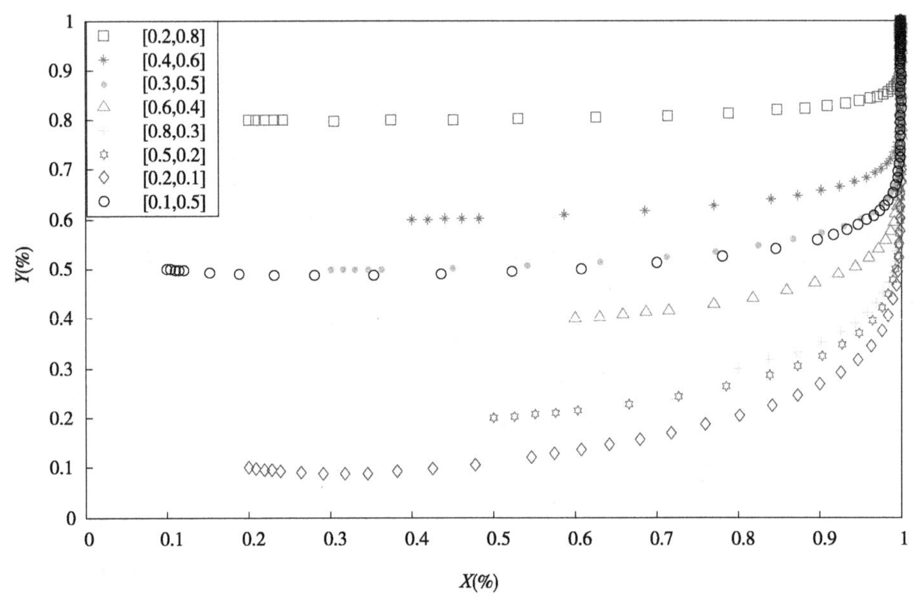

图8-22　情境二的复制动态相位图(ESS：D(1,1))

图8-22表明[x, y]的8组初始点最终都将趋向于平衡点D(1,1)的演化路径。初始点分别选取如前所述的数值时,[x, y]最终都将趋向于平衡点D(1,1)所对应的(电召新模式,电召新模式)稳定均衡策略。在现有初始点取值背景下,博弈双方的演化稳定状态均为平衡点D(1,1)。虽然表8-6给出了情境二中包括两种稳定均衡状态D(1,1)和A(0,0),但是,从图8-22可知,复制动态系统的稳定均衡状态还与博弈双方初始点的取值有关系,本书选取的8组初始点没有使情境二对应的复制动态系统出现A(0,0)均衡状态。

(3)情境三。

满足$M_1 + M_3 < M_2 - C\mu$的判定条件,根据表8-6可知,平衡点E不存在,此时复制动态

相位图如图 8-23 所示。

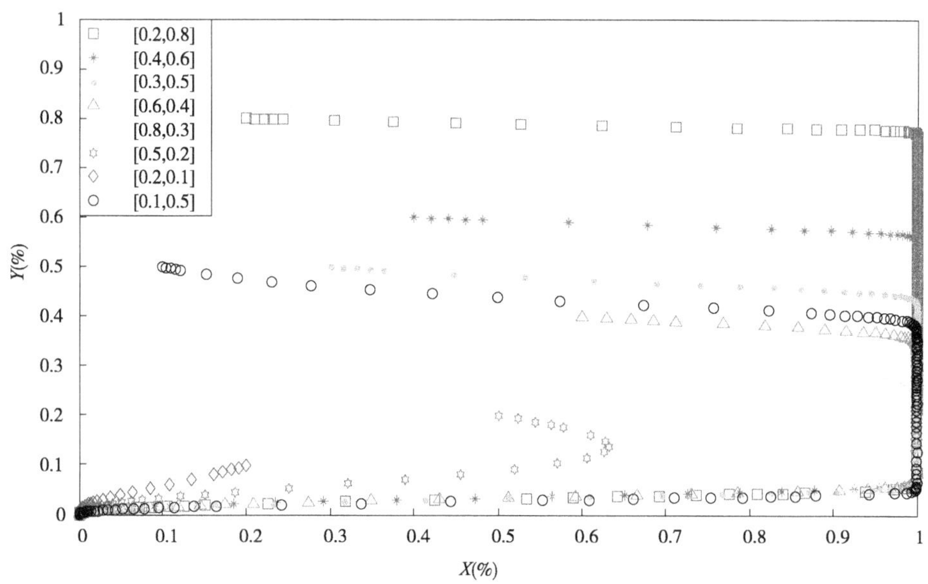

图 8-23　情境三的复制动态相位图(ESS：A(0,0))

图 8-23 表明$[x, y]$的 8 组不同初始点趋向于平衡点 A(0,0)的演化路径。当政府对采取电召新模式策略的公司补贴越小、对采取约租车策略的公司惩罚越小、合作共赢的收益因子也越小时,不等式 $M_1 + M_3 < M_2 - C\mu$ 成立的可能性越大。此时,复制动态系统只有一个演化稳定策略,即 A(0,0)平衡点对应的(约租车模式,约租车模式)稳定策略。

8.6.4 乘客选择行为实证分析

在讨论乘客选择行为影响时,政府监管行为的影响不变,即各种管理情境下政府补贴或惩罚指标不变,并且符合表 8-5 的情境描述。与此同时,出租车公司运营行为的影响不变,即假设收益 $C = 493.39$ 元。根据表 8-5 对各种情境的划分,分析乘客出行方式选择行为的变化对演化稳定策略的影响。

(1)情境二。

在研究乘客收益 T 的变化时,情境二对应的复制动态方程表示为:

$$\begin{cases} G(x) = x(1-x)[(1.8T+268)y-268] = 0 \\ G(y) = y(1-y)(620.10x-193.39) = 0 \end{cases} \tag{8-20}$$

仍将收益 T 的取值范围设为[2000, 3000]元,观察 T 的变化对式(8-5)描述的复制动态系统的影响,如图 8-24 所示。图 8-24 表示 x, y 的初始值取[0.2,0.8]时的三维复制动态相位图。

从图 8-24 可见,随着收益 T 的变化,在 T 值对应的每个二维平面中,初始值为[0.2,0.8]的复制动态系统对应的平面稳定均衡点均为(1,1)点。

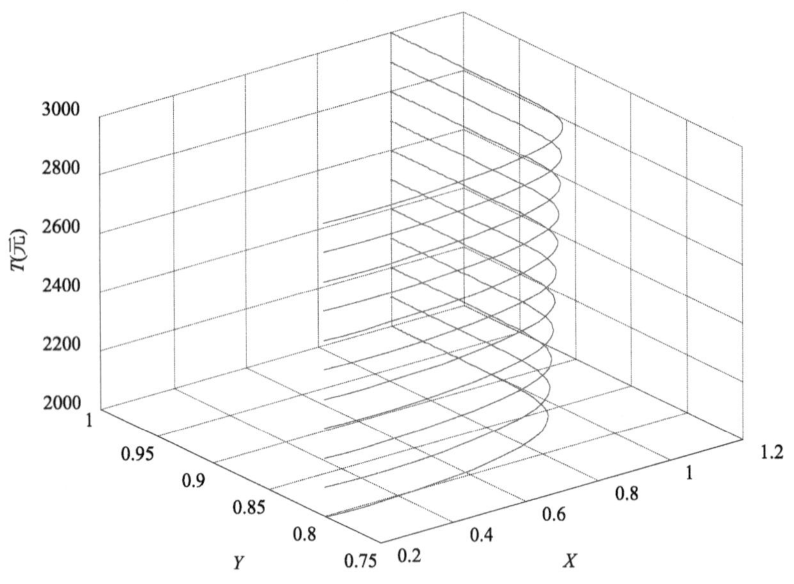

图 8-24　初始值为[0.2,0.8]T 的变化对情境二产生的影响

(2)情境三。

在研究乘客收益 T 的变化时,情境三对应的复制动态方程表示为:

$$\begin{cases} G(x) = x(1-x)[(1.8T+670)y-670] = 0 \\ G(y) = y(1-y)(218.10x-243.39) = 0 \end{cases} \tag{8-21}$$

将乘客收益 T 的取值范围设为[2000, 3000]元,观察 T 的变化对式(8-6)描述的复制动态系统的影响。图 8-25 a)、b)分别表示 x、y 的初始值取为[0.5,0.2]和[0.2,0.1]时的三维复制动态相位图。

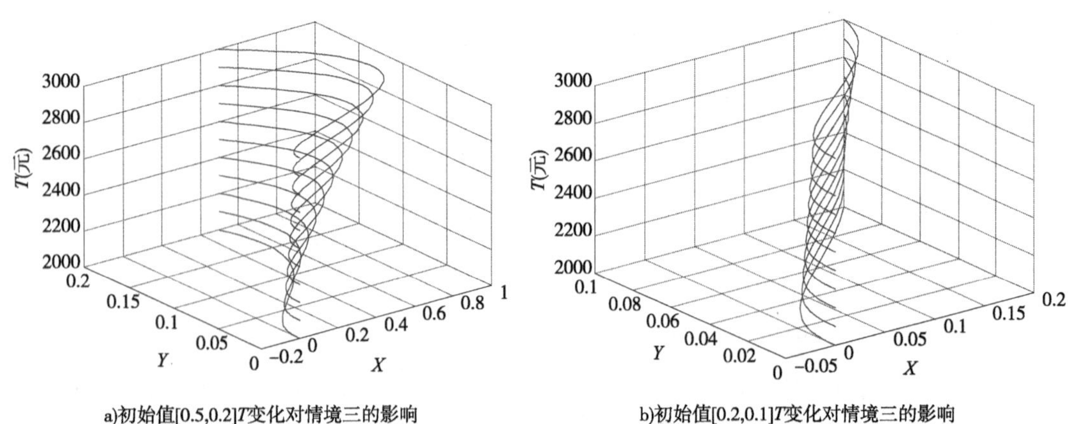

图 8-25　初始值分别为[0.5,0.2]和[0.2,0.1]时 T 的变化对情境三产生的影响

从图 8-25 a)和 b)可见,随着乘客收益 T 的变化,在 T 值对应的每个二维平面中,初始值分别为[0.5,0.2]和[0.2,0.1]的复制动态系统对应的平面稳定均衡点均为(0,0)点。

8.6.5 出租车公司运营行为实证分析

在讨论出租车公司运营行为影响时，政府监管行为的影响不变，即各种管理情境下政府补贴或惩罚指标变量的数值不变，并且符合表8-5中的管理情境描述。与此同时，乘客选择行为的影响不变，也就是说假设 $T = 2334.03$ 元。根据表8-5对各种情境的划分，分析出租车公司运营行为变化对演化稳定策略的影响。

(1)情境一。

在研究出租车公司收益 C 的变化时，情境一对应的复制动态方程为：

$$\begin{cases} G(x) = x(1-x)(4469.25y - 268) = 0 \\ G(y) = y(1-y)[(1.8C - 268)x + 700 - C] = 0 \end{cases} \tag{8-22}$$

根据表8-5的判定条件和情境一的参数取值，可以得到出租车公司收益 C 的取值范围为[300,700]元，由此观察 C 的变化对式(8-7)描述的复制动态系统的影响。图8-26 a)、b)分别表示 x、y 的初始值取[0.3,0.5]和[0.6,0.4]时的三维复制动态相位图。从图8-26 a)、b)可见，随着收益 C 的变化，在 C 值对应的每个二维平面中，初始值分别为[0.3,0.5]和[0.6,0.4]的复制动态系统对应的平面稳定均衡点均为(1,1)点。

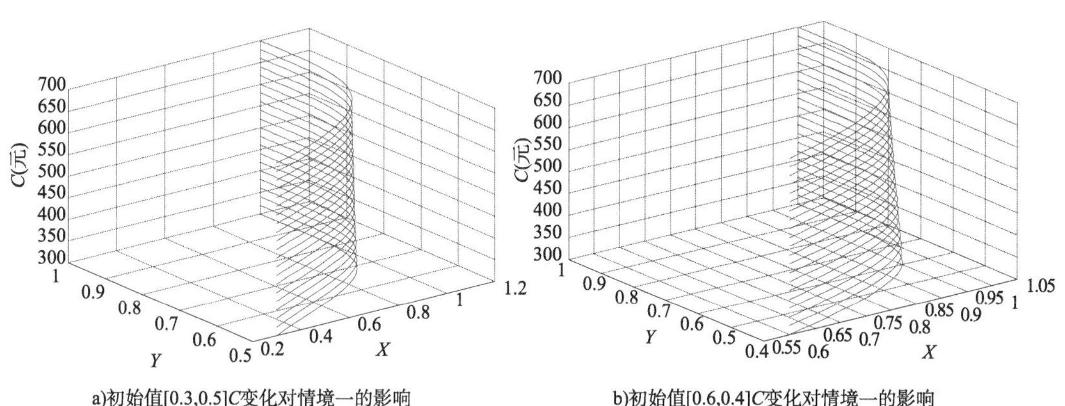

图8-26　初始值分别为[0.3,0.5]和[0.6,0.4]时 C 的变化对情境一产生的影响

(2)情境二。

在研究出租车公司收益 C 的变化时，依据情境二的条件，得到的复制动态方程为：

$$\begin{cases} G(x) = x(1-x)(4469.25y - 268) = 0 \\ G(y) = y(1-y)[(1.8C - 268)x + 300 - C] = 0 \end{cases} \tag{8-23}$$

根据表8-5所示的判定条件和情境二的参数取值，可知 C 的取值范围为[300, +∞]元。假定运营收益 C 的范围为[300, 500]元，观察 C 的变化对式(8-8)描述的复制动态系统的影响。图8-27 a)、b)分别表示 x、y 的初始值取[0.6,0.4]和[0.2,0.8]时的三维复制动态相位图。从图8-27 a)、b)可见，随着运营收益 C 的变化，在 C 值对应的每个二维平面中，初始值分别为[0.6,0.4]和[0.2,0.8]的复制动态系统对应的平面稳定均衡点均为(1,1)点。

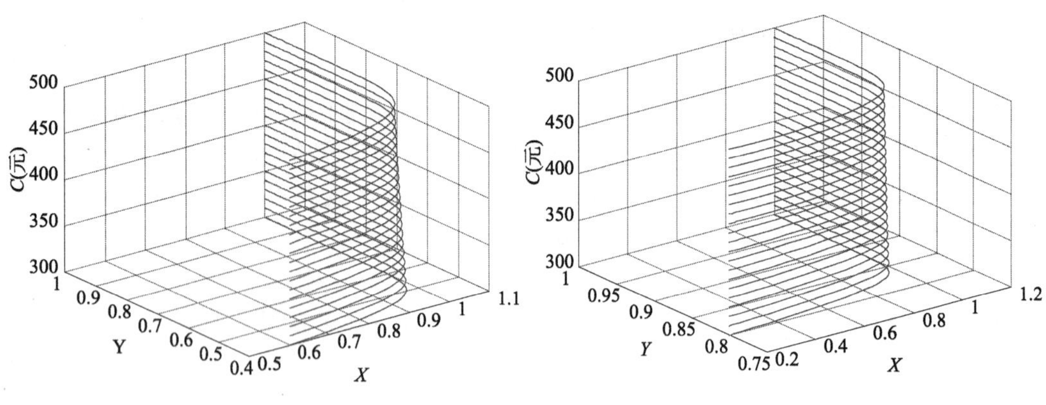

a)初始值[0.6,0.4]C变化对情境二的影响　　b)初始值[0.2,0.8]C变化对情境二的影响

图 8-27　初始值分别为[0.6,0.4]和[0.2,0.8]时 C 的变化对情境二产生的影响

(3)情境三。

在研究出租车公司收益 C 的变化时,依据情境三的条件,得到的复制动态方程为:

$$\begin{cases} G(x) = x(1-x)(4871.25y-670) = 0 \\ G(y) = y(1-y)[(1.8C-670)x+250-C] = 0 \end{cases} \tag{8-24}$$

仍根据表 8-5 判定条件和情境三的参数取值,可知 C 的取值范围为[0, 525]元。假定出租车公司运营收益 C 的变化范围为[300,500]元,观察 C 的变化对式(8-9)所描述的复制动态系统的影响。图 8-28 a)、b)分别表示 x、y 的初始值取为[0.5,0.2]和[0.8,0.3]时系统得到的三维复制动态相位图。

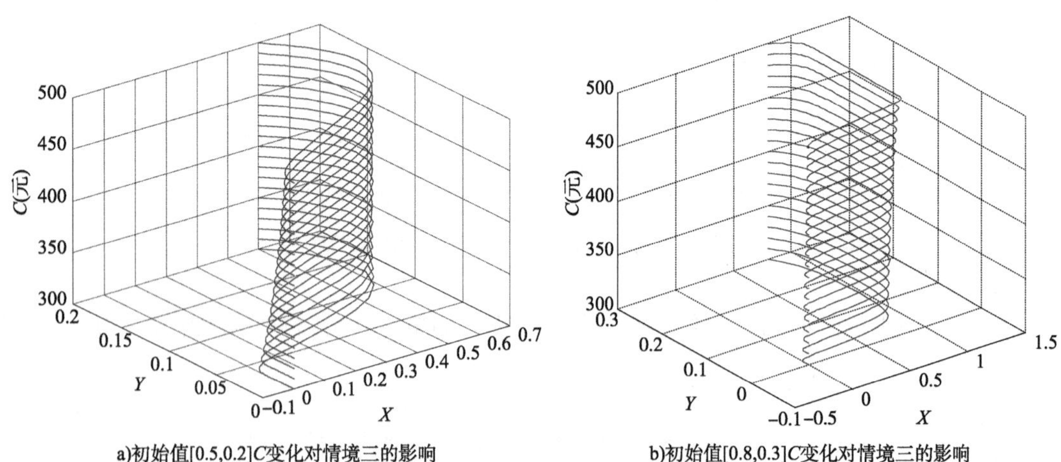

a)初始值[0.5,0.2]C变化对情境三的影响　　b)初始值[0.8,0.3]C变化对情境三的影响

图 8-28　初始值分别为[0.5,0.2]和[0.8,0.3]时 C 的变化对情境三产生的影响

从图 8-28 a)、b)可见,随着出租车公司运营收益 C 的变化,在 C 值对应的每个二维平面中,初始值分别为[0.5,0.2]和[0.8,0.3]的复制动态系统对应的平面稳定均衡点均为(0,0)点。虽然两个不同初始点生成的演化路径以及演化速度不同,但是最终两类复制动态系统均演化稳定至 A(0,0)点处。

8.7　本章小结

本章采用演化博弈论研究了多个参与主体行为对混合服务模式选择的影响。在约租车模式运营问题和行业现状分析的基础上,结合互联网+时代背景提出了电召新模式的发展策略。分析了在政府监管下出租车公司和乘客作服务模式选择形成的博弈关系,构建了博弈行动策略集合,确定了收益矩阵。采用两种群演化博弈论描述了出租车公司和乘客行为的演化进程,应用雅可比矩阵判断了演化稳定策略存在的条件,仿真分析了初始点、乘客选择行为、出租车公司运营行为以及政府监管行为对复制动态系统的演化进程的影响。最后,运用实际路网参数和实际数据,进行了实证研究,验证了模型的效果,为出租车行业的管理提供了有效依据。

第9章

基于多参与主体行为影响的订单服务模式选择演化博弈分析

9.1 概　　述

近年来,伴随着移动互联网通信技术的快速发展,诸如滴滴打车等运营平台可以为乘客提供便捷的线上叫车服务。乘客可以通过运营平台创建的叫车软件预约叫车服务,不用再在路上招手等待巡游出租车,也不用再为此而等待较长时间了。与此同时,在运营平台注册的驾驶员也可以接收相应的需求订单。驾驶员与乘客之间的及时的信息交流大大地提高了城市人们出行的便捷性。由此可见,这种线上叫车服务模式,作为一种新型叫车服务方式,将会对交通系统的运营效率产生深远的影响。本书的目标是运用演化博弈理论构建模型,以此分析在这种线上叫车服务背景下订单分配模式的选择行为。

Wang and He (2016)指出运营平台可以提供两种类型的叫车服务软件,这两种类型分别是信息运营平台和调度中心运营平台。其中,前一种类型的APP软件将线上叫车服务订单分配给附近的驾驶员,并且允许驾驶员决定是否接受订单。进一步地,当交通需求量较大的时候,软件系统也允许驾驶员议价。虽然这种订单分配模式为驾驶员带来了较大的自由度,驾驶员也更愿意接受,但是它却因为在高峰时段抬高服务价格而损害了乘客的利益。本书中,作者将这种模式定义为传统订单获取模式。第二种类型的APP软件依据运营平台提供的智能匹配算法,将线上叫车订单分配给附近的驾驶员。驾驶员必须接受系统分配的订单,并且在高峰时段不能议价。本书中,作者将这种模式定义为智能订单分配模式。值得一提的是,为了改善线上叫车服务的质量,运营平台会不断地为那些选择智能订单分配服务的驾驶员提供补贴,以此来弥补高峰时段不允许议价而带来的损失。补贴的数额则是通过评估驾驶员提供服务的质量来确定的。本书中,作者主要关注的焦点是订单分配模式的选择行为问题。

Horn (2002)设计了一个可以管理具有需求响应功能的客运车队调度的系统。这个系统可以支持多种运营模式,也可以提供即时的需求预约和自动的车辆分配功能。He and Shen (2015)在线上叫车模式和路边叫车模式共存背景下模拟了出租车市场均衡状态的复杂情境。此研究采用了描述交通需求的空间分配的网络模型,并且在任意给定的线上叫车服务价格策略的背景下检验了模式选择行为和网络均衡状态时出租车行为。Wang and He (2016)将双边市场理论与出租车市场理论合并,运用一个集计的静态方法,假定在仅有一个出租车叫车软件存在的背景下,研究了出租车市场的均衡问题。研究结果表明系统均衡状态是存在的,并且灵敏度分析是可以评价价格策略的影响的。这些作者还讨论了一种新型的线上叫车服务模式对出租车市场和出租车预约服务的影响。然而,到目前为止,在线上叫车服务的研究背景下,从动态选择过程的角度来讨论如何做订单分配模式的选择决策的研究工作还较少。

9.2　问题分析与描述

模型构建的背景作如下假设。

(1)假设一:出租车系统中,乘客行为符合第5章的出行者方式选择行为假设。

(2)假设二:出租车系统中,出租车公司的运营行为总是尽可能使自己的投入产出绩效达到最佳状态,即符合第6章的出租车公司运营行为假设。

在上述背景下,将提供服务的出租车公司作为博弈的一方,将出租车服务的消费者乘客作为博弈的另一方。针对出租车系统中线上叫车服务这一问题,在软件系统可以提供订单分配模式的背景下,讨论出租车公司(或运营平台)和乘客如何调整各自的选择行为。在生产—消费出租车服务的过程中,运营平台与乘客作订单模式选择实质上是一个动态演化过程,原因在于双方都是有限理性的行为人,在不完全信息情况下博弈双方需要经过多次的反复博弈才能形成最终的演化稳定策略。影响博弈双方作服务模式选择的主要因素还在于双方在策略选择过程中所获得的收益。基于此,本书选用演化博弈论来刻画出租车订单模式选择的博弈过程。

假定在作出行方式选择决策前,乘客可以选择两种策略分别为:

(1)选择智能订单分配策略。

(2)选择传统订单获取策略。

出租车公司在实际运营中可以选择两种策略:

(1)提供智能订单分配服务。

(2)提供传统订单获取服务。

此时,乘客与运营平台双方构成了一个博弈。只有事先考虑到对方的行动策略,博弈双方才能根据自己的支付收益正确地选择自己的策略。假定乘客和运营平台各自均以某种概率分布来参与混合策略的博弈过程。

当两个种群采用的策略一致时,给予乘客的效益奖励都为E_u,而对运营平台的效益奖励则分别为E_0和E_0'。这里,E_0表示提供智能订单派遣服务所获得的运营收益,则E_0'表示提供传统订单服务获得的运营收益。值得注意的是,本书中假定E_0在数值上大于E_0'。这主要是因为智能模式有助于改善驾驶员的服务质量,并且避免随意抬高服务价格,由此政府也更倾向于这种订单分配策略的实施。

当这两个种群采用的策略不一致的时候,乘客得到的奖励是不相同的。

当集合为{运营平台运营传统订单获取模式,乘客选择智能订单分配服务}时,给予乘客的奖励是$E_u - P + W_2$。这里,P表示在订单获取过程中乘客不得不支付的议价成本,W_2表示当运营平台近提供传统订单获取服务而乘客仍旧坚持选择智能订单分配模式的时候,传统模式节省的等待时间成本。

当集合为{运营平台运营智能订单分配模式,乘客选择传统订单获取服务}时,给予乘客的奖励是 $E_u + A - W_1$,这里 A 表示运营平台为吸引乘客愿意支付的补贴,W_1 表示当运营平台仅提供智能订单分配服务但是乘客仍旧坚持选择传统订单获取模式的情况下,智能订单分配模式损失的等待时间成本。

当集合为{运营平台运营传统订单获取模式,乘客选择智能订单分配服务}时,给予乘客的奖励是 $E_0' - S_2$,这里 S_2 表示运营平台损失的利润。也就是说,当乘客愿意选择智能订单分配模式但是运营平台仅能提供传统模式的情况下,一部分乘客不得不改变自身的出行模式,这种情况就会导致运营平台利润的损失。

当集合为{运营平台运营智能订单分配模式,乘客选择传统订单获取服务}时,给予乘客的奖励是 $E_0 - S_1 - A$,这里 S_1 即表示运营平台损失的利润。也就是说,当乘客愿意选择传统订单模式但是运营平台仅能提供智能模式的时候,一部分乘客不得不改变出行方式,这也会造成运营平台利润的损失。

9.3 订单服务模式选择演化博弈模型

9.3.1 演化博弈模型构建

从9.2节的问题描述中可知,乘客和运营平台是博弈过程的直接参与者,而且运营平台的行为受到政府的管制。这个博弈过程可以表述为:$k = \{1,2\}$,这里 $k=1$ 用来描述博弈一方——运营平台,$k=2$ 用来描述博弈另一方——乘客。策略集合可以描述为:$i = \{1,2\}$,这里 $i=1$ 用来描述博弈策略之一——智能订单分配服务,$i=2$ 用来描述博弈策略之二——传统订单获取策略。

一个博弈各参与方的策略空间可以描述为:$s = \{s_i^k\} = \{(s_1^1, s_2^1), (s_1^2, s_2^2)\}$,其中前者表示运营平台的策略集合,后者表示出租车乘客的策略集合。假定运营平台采用智能订单分配模式的概率和乘客采用相同策略的概率分别表示为 $s_1^1 = \alpha$ 和 $s_1^2 = \beta (\alpha, \beta \in [0,1])$。相应地,运营平台采用传统订单获取模式的概率和乘客采用相同策略的概率分别表示为 $s_2^1 = 1 - \alpha$ 和 $s_2^2 = 1 - \beta$。

当运营平台运营智能订单分配模式时,乘客也选择智能订单分配服务时,该策略组合下双方收益可以表示为:

$$\begin{cases} u_1\{s_1^1, s_1^2\} = E_0 \\ u_2\{s_1^1, s_1^2\} = E_u \end{cases} \tag{9-1}$$

当运营平台运营智能订单分配模式时,乘客选择传统订单获取服务时,该策略组合下双方收益可以表示为:

$$\begin{cases} u_1\{s_1^1, s_2^2\} = E_0 - S_1 - A \\ u_2\{s_1^1, s_2^2\} = E_u + A - W_1 \end{cases} \tag{9-2}$$

当运营平台运营传统订单获取模式时,乘客选择智能订单分配服务时,该策略组合下双方收益可以表示为:

$$\begin{cases} u_1\{s_2^1,s_1^2\} = E_0^{'} - S_2 \\ u_2\{s_2^1,s_1^2\} = E_u - P + W_2 \end{cases} \tag{9-3}$$

当运营平台运营传统订单获取模式时,乘客也选择传统订单获取服务时,该策略组合下双方收益可以表示为:

$$\begin{cases} u_1\{s_2^1,s_2^2\} = E_0^{'} \\ u_2\{s_2^1,s_2^2\} = E_u \end{cases} \tag{9-4}$$

订单服务模式选择博弈模型的收益矩阵见表9-1。

订单服务模式选择博弈模型的收益矩阵　　表9-1

博弈方	策略内容	乘客	
		智能订单分配模式(β)	传统订单获取模式($1-\beta$)
运营平台	智能订单分配模式(α)	$(E_0;E_u)$	$(E_0-S_1-A;E_u+A-W_1)$
	传统订单获取模式($1-\alpha$)	$(E_0^{'}-S_2;E_u-P+W_2)$	$(E_0^{'};E_u)$

运营平台运营智能订单分配模式和传统订单获取模式时的期望收益分别表示为 $U_{\alpha I}$、$U_{\alpha T}$以及平均期望收益$\bar{U}_\alpha$,其表达式可以写为:

$$U_{\alpha I} = \beta E_0 + (1-\beta)(E_0 - S_1 - A) \tag{9-5}$$

$$U_{\alpha T} = \beta(E_0^{'} - S_2) + (1-\beta)E_0^{'} \tag{9-6}$$

$$\bar{U}_\alpha = \alpha U_{\alpha I} + (1-\alpha)U_{\alpha T} = \alpha E_0 + \alpha\beta S_1 + \alpha\beta A - \alpha S_1 - \alpha A + E_0^{'} - \beta S_2 - \alpha E_0^{'} + \alpha\beta S_2 \tag{9-7}$$

式中:$U_{\alpha I}$——运营平台运营智能订单分配模式的期望收益,元;

$U_{\alpha T}$——运营平台运营传统订单获取模式的期望收益,元;

$\bar{U}_\alpha$——运营平台运营两种订单模式的平均期望收益,元;

α——运营平台运营智能订单分配模式的概率;

β——乘客选择智能订单分配模式的概率。

乘客选择智能订单分配模式和传统订单获取模式时的期望收益分别表示为 $U_{\beta I}$、$U_{\beta T}$以及平均期望收益$\bar{U}_\beta$,则它们的表达式可以写为:

$$U_{\beta I} = \alpha E_u + (1-\alpha)(E_u - P + W_2) \tag{9-8}$$

$$U_{\beta T} = \alpha(E_u + A - W_1) + (1-\alpha)E_u \tag{9-9}$$

$$\bar{U}_\beta = \beta U_{\beta I} + (1-\beta)U_{\beta T} = \beta W_2 - \beta P + \alpha\beta P - \alpha\beta W_2 + \alpha A - \alpha W_1 + E_u - \alpha\beta A + \alpha\beta W_1 \tag{9-10}$$

式中:$U_{\beta I}$——乘客选择智能订单分配模式的期望收益,元;

$U_{\beta T}$——乘客选择传统订单获取模式的期望收益,元;

$\bar{U}_\beta$——乘客选择两种订单模式的平均期望收益,元。

在演化博弈论中，种群的学习能力和学习率可以决定动态改变率。这个进程通常运用复制者动态特性来反映。根据式(9-5)～式(9-10)，分别得到运营平台和乘客均使用智能订单分配策略对应的复制动态方程，见式(9-11)和式(9-12)：

$$G(\alpha)=\frac{\mathrm{d}\alpha}{\mathrm{d}t}=\alpha(U_{\alpha I}-\bar{U}_{\alpha})=\alpha(1-\alpha)[(S_1+S_2+A)\beta+(E_0-E_0'-S_1-A)] \tag{9-11}$$

$$G(\beta)=\frac{\mathrm{d}\beta}{\mathrm{d}t}=\beta[U_{\beta I}-\bar{U}_{\beta}]=\beta(1-\beta)[(P+W_1-W_2-A)\alpha+(W_2-P)] \tag{9-12}$$

为了得到偏导数方程式(9-11)和式(9-12)的最优解，方程式(9-13)必须得以满足。由此，这个合并的偏导方程式(9-13)就可以用来描述演化博弈模型的动态改变特性。

$$\begin{cases}G(\alpha)=\dfrac{\mathrm{d}\alpha}{\mathrm{d}t}=0\\[2ex] G(\beta)=\dfrac{\mathrm{d}\beta}{\mathrm{d}t}=0\end{cases} \tag{9-13}$$

经过求解可以得到，上述偏导方程式(9-13)的解分别为：

$$\alpha^*=0,\alpha^*=1,\alpha^*=(P-W_2)/(P+W_1-W_2-A)$$

$$\beta^*=0,\beta^*=1,\beta^*=A+S_1+E_0'-E_0/S_1+S_2+A$$

在演化博弈论中，固定点能够描述系统不再继续演化的情境。复制动态系统有5个局部平衡点，分别为：A(0,0)、B(0,1)、C(1,0)、D(1,1)、E($\alpha^*=(P-W_2)/(P+W_1-W_2-A)$，$\beta^*=(A+S_1+E_0'-E_0)/(S_1+S_2+A)$)。

值得注意的是，$(P-W_2)/(P+W_1-W_2-A)$和$(A+S_1+E_0'-E_0)/(S_1+S_2+A)$两个式子的数值应该限定在[0,1]范围内，这样才能确保均衡点E点的存在。

在演化博弈论中，Smith and Price (1973)引入了演化稳定策略(ESS)并定义了演化稳定策略的含义。在给定情境中，一个种群如果采用某种策略，致使其他任何可替代策略都无法侵入，那么这种策略就是演化稳定策略。每个ESS都对应一个Nash均衡解，但是并不是所有的Nash均衡解都是ESS策略。

9.3.2 局部稳定性分析

Taylor and Jonker (1978)的研究成果表明，如果复制者动态方程的边界值有负实数部分，那么固定点就是严格地稳定均衡策略。上述博弈模型的Jacobin矩阵可以表示为：

$$J=\begin{bmatrix}\dfrac{\partial G(\alpha)}{\partial\alpha} & \dfrac{\partial G(\beta)}{\partial\beta}\\[2ex] \dfrac{\partial G(\beta)}{\partial\alpha} & \dfrac{\partial G(\beta)}{\partial\beta}\end{bmatrix}$$

$$\begin{bmatrix}(1-2\alpha)[(S_1+A+S_2)\beta+(E_0-E_0'-S_1-A)] & \alpha(1-\alpha)(S_1+S_2+A)\\ \beta(1-\beta)(P+W_1-W_2-A) & (1-2\beta)[(P+W_1-W_2-A)\alpha+(W_2-P)]\end{bmatrix}$$

相应的Jacobin矩阵的行列式值可以表示为：

$$Det(J)=\frac{\partial G(\alpha)}{\partial\alpha}\frac{\partial G(\beta)}{\partial\beta}-\frac{\partial G(\alpha)}{\partial\beta}\frac{\partial G(\beta)}{\partial\alpha} \tag{9-14}$$

相应的 Jacobin 矩阵的迹值可以表示为：

$$Tr(J)=\frac{\partial G(\alpha)}{\partial\alpha}+\frac{\partial G(\beta)}{\partial\beta} \tag{9-15}$$

均衡点的行列式值和迹值结果见表 9-2。

均衡点的行列式值和迹值　　表 9-2

均 衡 点	$Det(J)$	$Tr(J)$
A(0,0)	$(E_0-E_0'-S_1-A)(W_2-P)$	$(E_0-E_0'-S_1-A+W_2-P)$
B(0,1)	$(S_2+E_0-E_0')(P-W_2)$	$S_2+E_0-E_0'+P-W_2$
C(1,0)	$(E_0'+S_1+A-E_0)(W_1-A)$	$(E_0'+S_1-E_0+W_1)$
D(1,1)	$(E_0'-E_0-S_2)(A-W_1)$	$(E_0'-E_0-S_2+A-W_1)$
E(α^*,β^*)	$\frac{(P-W_2)(W_1-A)(A+S_1+E_0'-E_0)(S_2+E_0-E_0')}{(S_1+S_2+A)(P+W_1-W_2-A)}$	0

如果式子$(P-W_2)/(P+W_1-W_2-A)\in[0,1]$和式子$(A+S_1+E_0'-E_0)/(S_1+S_2+A)\in[0,1]$无法得到满足，则 E 点不能作为均衡点存在。在这种情境中，根据不等式$(P-W_2)/(P+W_1-W_2-A)\in(0,1)$的要求，可以得到式子 $W_1>A$ 和式子 $P>W_2$。同样地，为了满足式子$(A+S_1+E_0'-E_0)/(S_1+S_2+A)\in(0,1)$的要求，也能够推导得出不等式 $E_0'+S_1+A>E_0$ 和不等式 $E_0'-E_0<S_2$ 成立。在这种情境中，点(0,0)、点(0,1)、点 (1,0) 和点(1,1)以及点$((P-W_2)/(P+W_1-W_2-A)、(A+S_1+E_0'-E_0)/(S_1+S_2+A))$都是均衡点。演化博弈结果见表 9-3。

均衡点的局域稳定性分析　　表 9-3

均衡点	$Det(J)$	符号	$Tr(J)$	符号	局域稳定性
(0,0)	$(E_0-E_0'-S_1-A)(W_2-P)$	+	$(E_0-E_0'-S_1-A+W_2-P)$	−	ESS
(0,1)	$(E_0+S_2-E_0')(P-W_2)$	+	$(E_0+S_2-E_0'+P-W_2)$	+	不稳定
(1,0)	$(S_1+E_0'+A-E_0)(W_1-A)$	+	$(S_1+E_0'-E_0+W_1)$	+	不稳定
(1,1)	$(E_0'-E_0-S_2)(A-W_1)$	+	$(E_0'+A-E_0-S_2-W_1)$	−	ESS

从表 9-3 可以看出，在这个动态系统中，点(0,0)是严格地纯策略，而点(1,1)是另一个纯策略。这两个均衡点都是演化稳定策略。这就意味着当系统中两个种群做出相同的策略选择的时候，系统状态将向由点($\alpha=0,\beta=0$) 或者点($\alpha=1,\beta=1$)表示的稳定状态演化。也就是说，当运营平台和乘客均选择传统订单获取策略或者当运营平台和乘客也都选择智能订单分配模式的时候，动态系统将向稳定状态演化，这个稳定状态与初始值 α 和 β 的取值有关系，也与支付矩阵的参数选择有关系。

9.4 算例研究

为验证模型的有效性，本书仿真了复制动态系统的演化进程。由于缺少标准参数的取值，本书在算例分析中任意地分配了参数数值，以此来检验所提模型的有效性。值得一提的是,参数数值需要满足上述条件的限制。为了讨论参数 α 和 β 的初始值对演化进程的影响,本书任意地假定了这些参数的数值。参数数值的选取包括[0.3,0.8]、[0.5,0.6]、[0.4,0.2]、[0.6,0.4]、[0.7,0.3]、[0.8,0.2]、[0.2,0.5]和[0.1,0.4]。

运营利润 E_0 和 E_0' 分别假定为30元和20元。补贴 A 的数值假定为5元。等待时间 W_1 和 W_2 分别假定为8min和4min。议价价格假定为7元。损失的利润 S_1 和 S_2 分别假定为8元和6元。因此,式(9-11)和式(9-12)可以表达为:

$$\begin{cases} G(\alpha) = \alpha(1-\alpha)(19\beta-3) \\ G(\beta) = \beta(1-\beta)(6\alpha-3) \end{cases} \tag{9-16}$$

图9-1中,在不同的[α,β]初始值组合下,本书为运营平台绘制了智能订单分配策略的学习能力演化进程图。绘制多个不同初始值组合下运营平台演化进程的原因是观察系统是否能够达到演化稳定状态,和如何快速达到演化稳定状态。

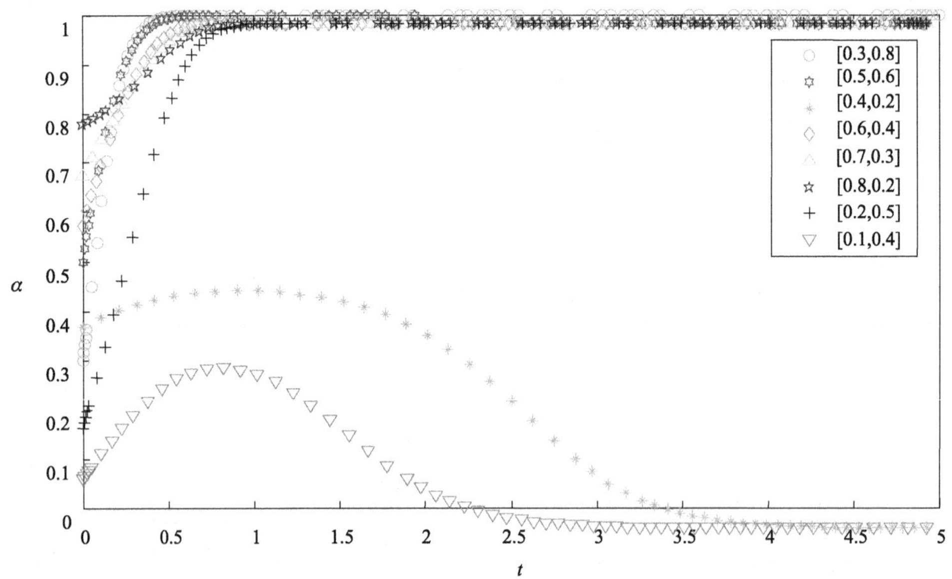

图9-1　不同初始值组合下运营平台选择智能订单模式的演化进程

从图9-1可以发现,随着时间 t 的增加,α 的结果最终收敛至1或者0。当[α,β]的初始值假定为[0.4,0.2]和[0.1,0.4]时,α 的数值最终收敛至0,此时运营平台种群选择的是传统订单获取策略。当[α,β]的初始值假定为[0.3,0.8]、[0.5,0.6]、[0.6,0.4]、[0.7,0.3]、[0.8,0.2]和[0.2,0.5]时,α 的数值最终收敛至1,此时运营平台选择的是智能订单分配策略。由此可见,不同的[α,β]初始值会影响着收敛结果和参数 α 的稳定状态。从图9-1可见,与那些使 α 最终收敛至0的初始值组合比较,使 α 最终收敛至1的初始值组合往往能够使复制动态系统更快地达到演化稳定状态。

图9-2中,在不同的[α,β]初始值组合下,本书呈现了乘客选择智能订单分配策略的演化进程。结果可以很好地描述复制动态系统是否达到稳定均衡状态以及如何快速地达到稳定均衡状态的。

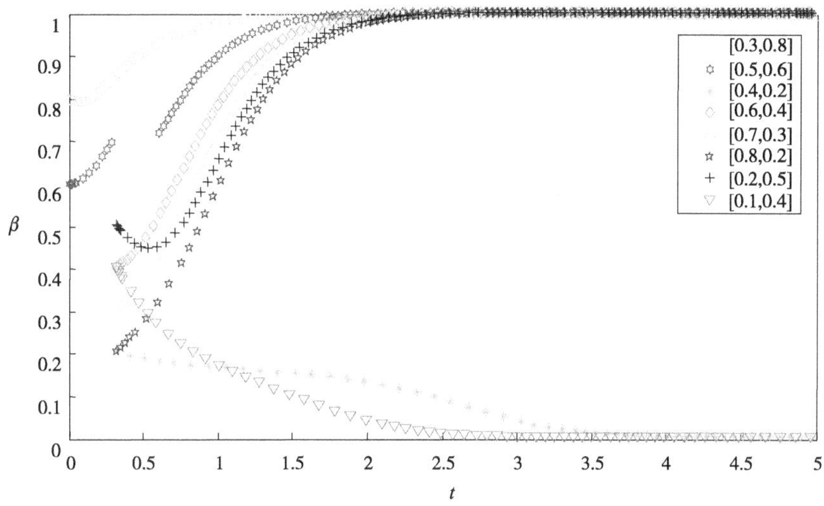

图 9-2　不同初始值组合下乘客选择智能订单分配模式的演化进程

从图 9-2 中可以看出，随着时间 t 的演进，参数 β 的结果也最终收敛至 1 或者 0。当[α,β]的初始值组合选择[0.4,0.2]和[0.1,0.4]时，参数 β 的数值最终收敛至 0，此时乘客选择的是传统订单获取策略。当[α,β]的初始值组合选择[0.3,0.8]、[0.5,0.6]、[0.6,0.4]、[0.7,0.3]、[0.8,0.2]和[0.2,0.5]，参数 β 的数值最终收敛至 1，此时乘客选择的是智能订单分配策略。换句话说，不同的[α,β]初始值组合会影响参数 β 的稳定状态。从图 9-1 和图 9-2 中可以看出，对于那些使参数 α 最终收敛至 1 的初始值组合而言，运营平台选择的策略比乘客选择的策略会更快速地促使系统收敛至稳定均衡状态。

图 9-3 中，在不同的[α,β]初始值组合下，本书例证了乘客和运营平台两个种群均选择智能订单分配策略的演化进程。实证分析表明复制动态系统是否达到演化稳定状态，也表明演化稳定状态属于哪些固定点。

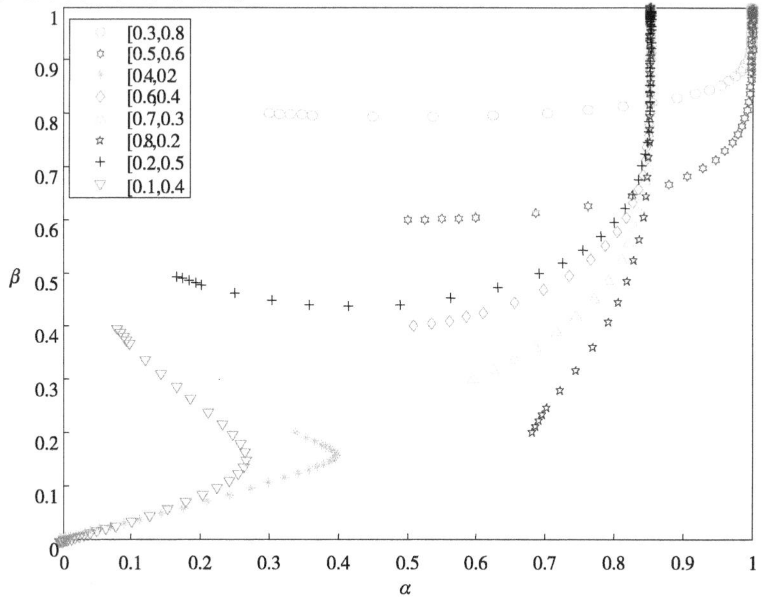

图 9-3　不同初始值组合下乘客和运营平台的演化进程

从图 9-3 中可以看到,对于[α,β]的所有不同初始值组合而言,[α,β]的演化稳定状态最终会收敛至点[0,0]或者点[1,1]。当[α,β]的初始值组合分别为[0.4,0.2]和[0.1,0.4]时,[α,β]的稳定状态最终收敛至[0,0],此点处两个种群都选择了传统订单获取策略。当[α,β]的不同初始值组合分别是[0.3,0.8]、[0.5,0.6]、[0.6,0.4]、[0.7,0.3]、[0.8,0.2]和[0.2,0.5]时,[α,β]最终收敛至点[1,1]处,此点处两个种群均选择了智能订单分配策略。由此可见,[α,β]的不同初始值组合会影响[α,β]的演化稳定状态。

9.5 灵敏度分析

为了检验参数改变对本书建议模型的演化稳定状态的影响,运营利润 E_0 可以假定为[20,30]元。其他的参数没有改变。在此基础上,式(9-11)和式(9-12)表述为:

$$\begin{cases} G(\alpha)=\alpha(1-\alpha)(19\beta+E_0-33) \\ G(\beta)=\beta(1-\beta)(6\alpha-3) \end{cases} \tag{9-17}$$

图 9-4 和图 9-5 中,本书呈现了参数 E_0 的变化对复制动态系统的演化稳定状态产生的影响。算例结果表明复制动态系统是否能够达到演化稳定状态,也能够表明伴随着参数 E_0 在[20,30]范围内增加的过程中哪些固定点可以达到演化稳定状态。

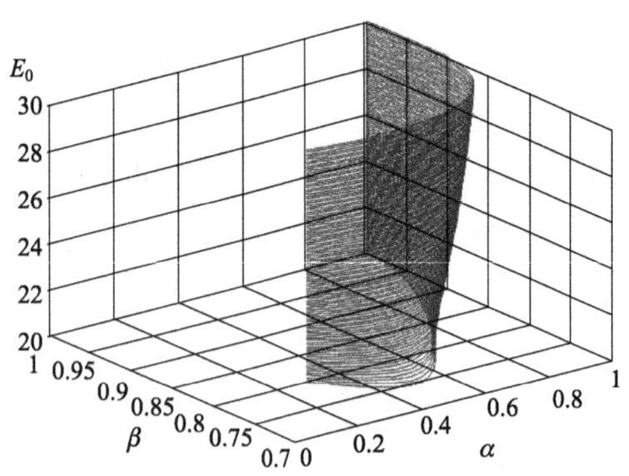

图 9-4　初始值为[0.3,0.8]并且 $E_0 \in$ [20,30]时两个种群的演化过程

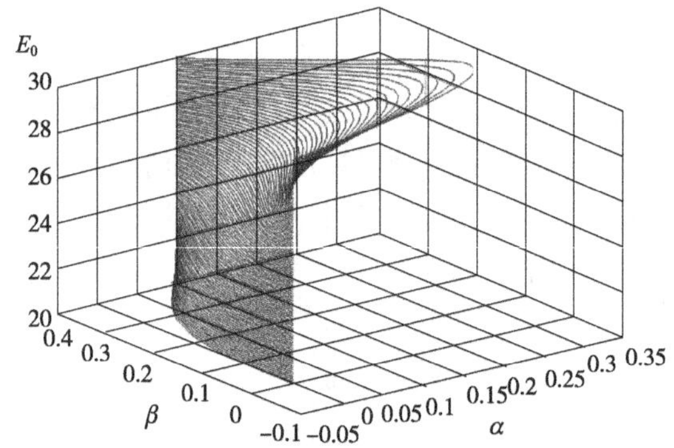

图 9-5　初始值为[0.1,0.4]并且 $E_0 \in$ [20,30]时两个种群的演化过程

从图 9-4 可以看出,当[α,β]的初始值为[0.3,0.8]时,并且 E_0 处于[20,30]范围内时,[α,β]的稳定状态最终收敛于点(1,1)处。在点(1,1)处,两个种群均选择智能订单分配策略。从图 9-5 可以观察,当[α,β]的初始值为[0.1,0.4]时,并且 E_0 处于[20,30]范围内时,[α,β]的稳定状态最终收敛于点(0,0)处。在点(0,0)处,两个种群均选择传统订单获取策略。

在图 9-6 中,可以观察到当[α,β]的初始值为[0.8,0.2]时,并且 E_0 处于[20,30]范围内时,[α,β]的稳定状态最终收敛于点(0,0)或者点(1,1)处。当参数 E_0 在[20,26]范围内改变时,[α,β]的稳定状态最终收敛于点(0,0)处。其收敛过程如图 9-6 a)所示。在图 9-6 a)中两个种群均选择了传统订单获取策略。当参数 E_0 在[27,30]范围内改变时,[α,β]的稳定状态最终收敛于点(1,1)处。其收敛过程如图 9-6 b)所示。在图 9-6 b)中两个种群均选择智能订单分配策略。从上述图中可以得知：变量 E_0 的数值影响着本书建立的复制动态系统的演化稳定状态。

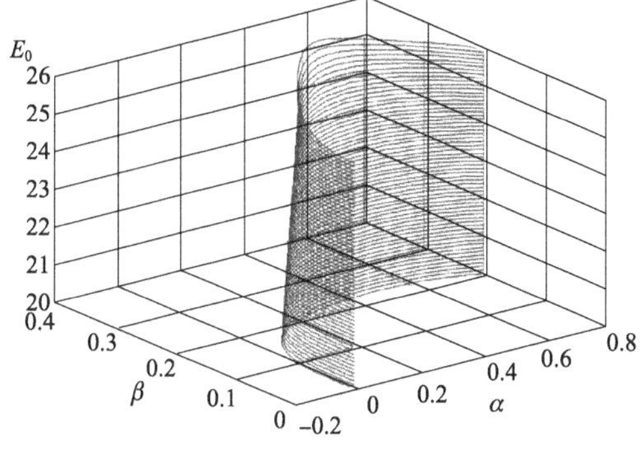

a)参数$E_0\in[20,26]$且初始值为[0.8,0.2]演化

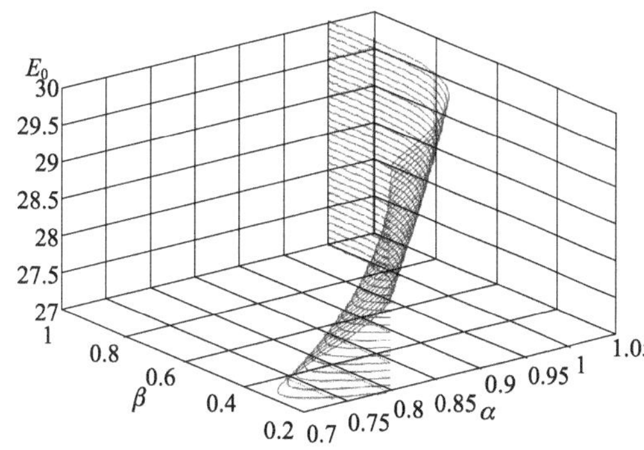

b)参数$E_0\in[27,30]$且初始值为[0.8,0.2]演化

图 9-6　当参数 $E_0 \in [20,30]$ 并且初始值为[0.8,0.2]时两个种群的演化过程

从图 9-7 中可以看出，当[α,β]的初始值选择[0.6,0.4]并且参数 E_0 属于[20,30]范围时，[α,β]的稳定状态最终收敛至点(0,0)或者点(1,1)。当参数 E_0 在[20,24]范围内变化时，[α,β]的稳定状态最终收敛至点(0,0)。其收敛过程如图 9-7 a)所示。在这个图中，两个种群均选择的是传统订单获取策略。而当参数 E_0 在[25,30]范围内变化时，[α,β]的稳定状态最终收敛至点(1,1)。其演化过程如图 9-7 b)所示。在这个图中，两个种群均选择智能订单派遣策略。

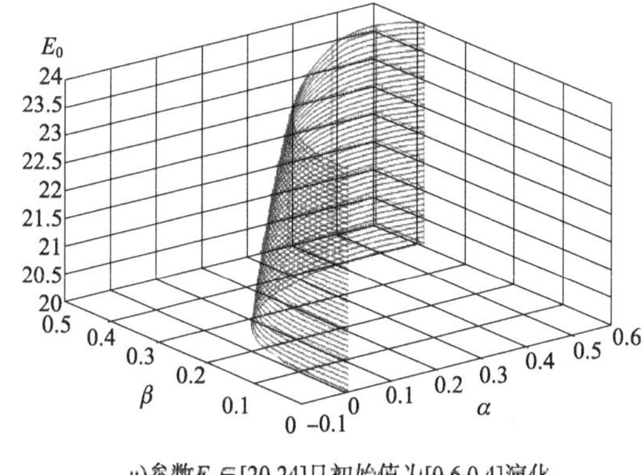

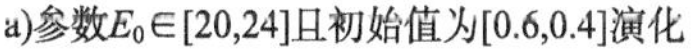
a)参数$E_0\in[20,24]$且初始值为[0.6,0.4]演化

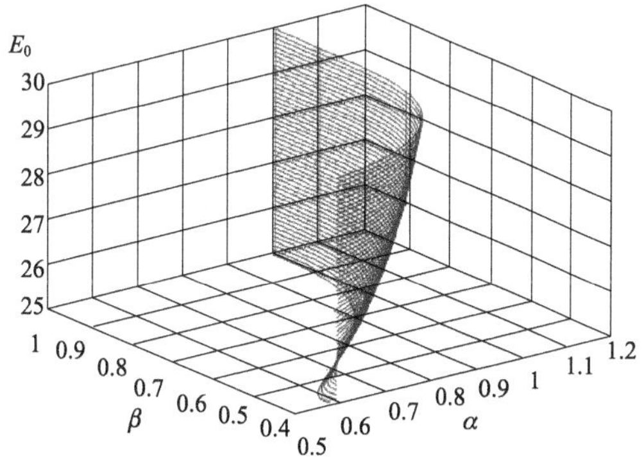

b)参数$E_0\in[25,30]$且初始值为[0.6,0.4]演化

图 9-7　当参数 $E_0 \in [20,30]$ 并且初始值为[0.6,0.4]时两个种群的演化过程

从图 9-6 和图 9-7 中可以看出，参数 E_0 的变化范围使演化稳定状态最终收敛至点(0,0)或者点(1,1)。也就是说，虽然[α,β]的初始值不同并且参数的取值范围不同，但是这些模型最终的收敛点都是点(0,0)和点(1,1)。

9.6　本章小结

本书运用演化博弈理论讨论了在线叫车服务背景下订单派遣模式的选择行为。本书中,乘客和运营平台两个种群可以选择的策略集合包括智能订单分配模式和传统订单获取模式。在此基础上,本书依据复制动态系统的原理探讨了演化稳定状态。结果表明,当 E 点存在时,本书建立的系统可以演化至稳定状态。在演化稳定状态中,运营平台种群和乘客种群均选择智能订单派遣服务模式,或者运营平台种群和乘客种群均选择传统订单获取模式。进一步地,本书的研究结果也表明所建立的复制动态系统稳定状态对[α,β]初始值的变化和参数 E_0 的变化范围都很灵敏。

附　录

① 乘客收益 T 变化对情境一的影响(附图 1)。

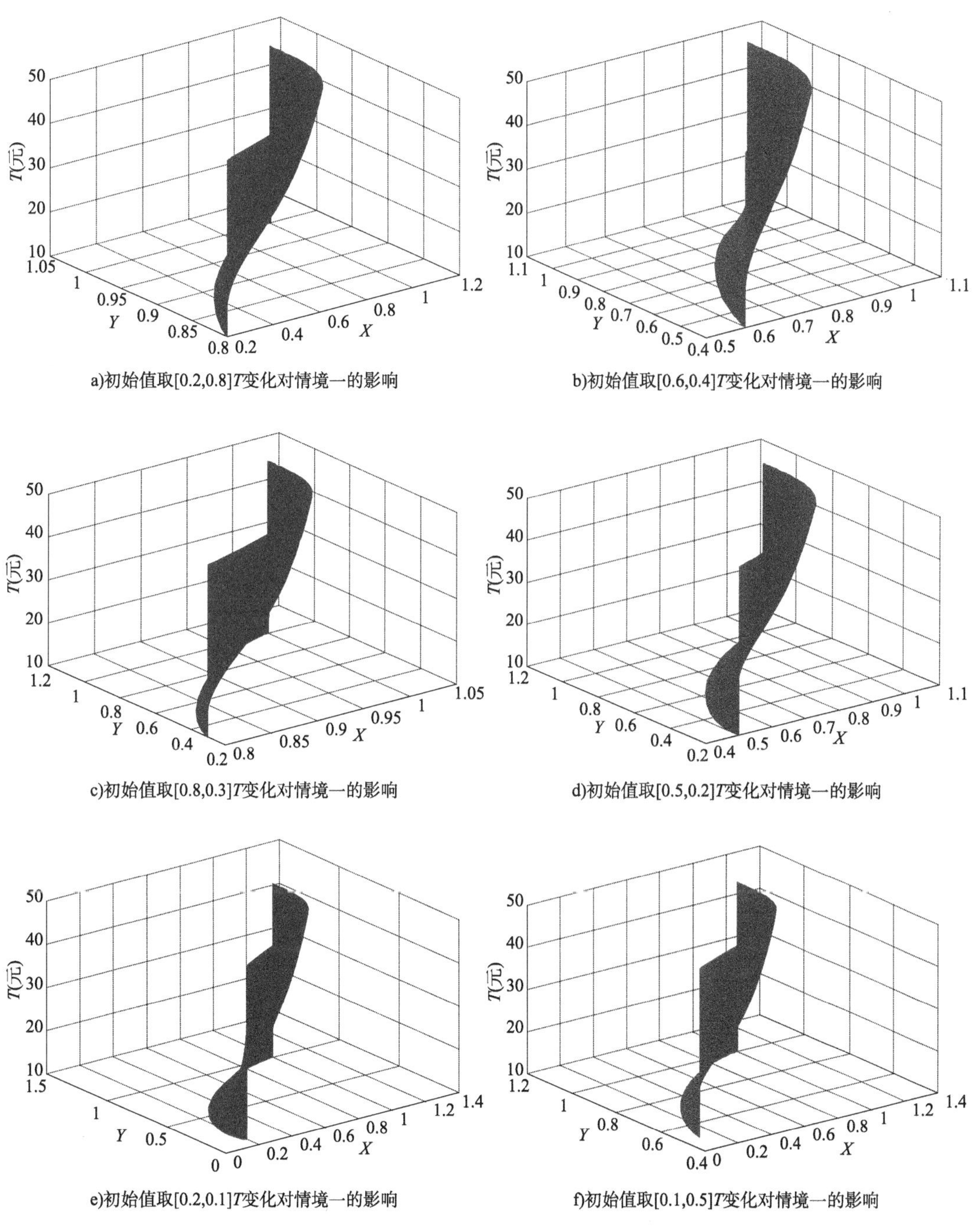

a)初始值取[0.2,0.8]T变化对情境一的影响

b)初始值取[0.6,0.4]T变化对情境一的影响

c)初始值取[0.8,0.3]T变化对情境一的影响

d)初始值取[0.5,0.2]T变化对情境一的影响

e)初始值取[0.2,0.1]T变化对情境一的影响

f)初始值取[0.1,0.5]T变化对情境一的影响

附图 1　当$[x,y]$取不同初始值时 T 的变化对情境一产生的影响

② 乘客收益 T 变化对情境二的影响(附图 2)。

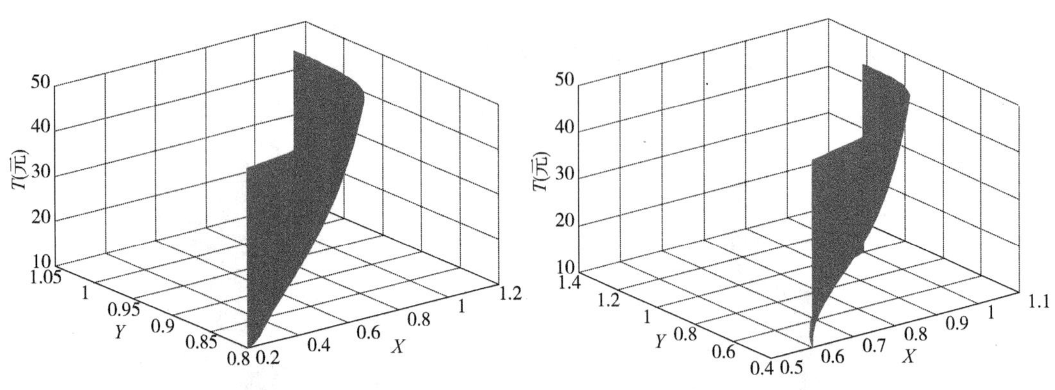

a)初始值取[0.2,0.8]T变化对情境二的影响

b)初始值取[0.6,0.4]T变化对情境二的影响

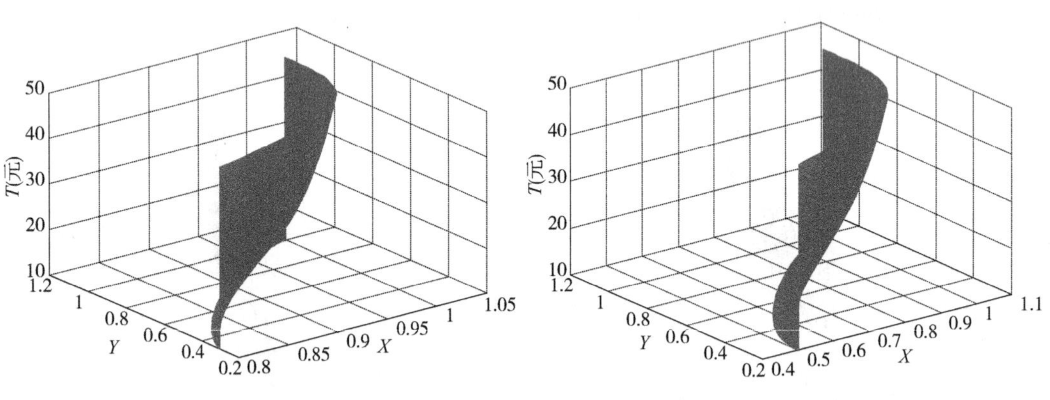

c)初始值取[0.8,0.3]T变化对情境二的影响

d)初始值取[0.5,0.2]T变化对情境二的影响

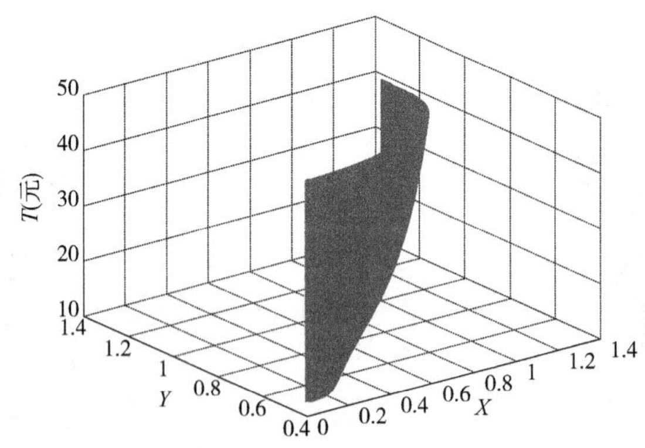

e)初始值取[0.1,0.5]T变化对情境二的影响

附图 2　当[x, y]取不同初始值时 T 的变化对情境二产生的影响

③ 乘客收益 T 变化对情境三的影响。（附图 3）

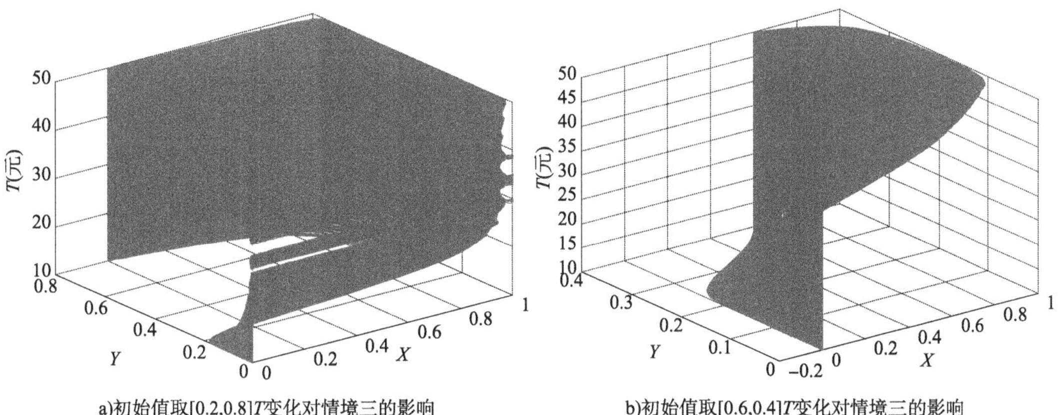

a)初始值取[0.2,0.8]T变化对情境三的影响

b)初始值取[0.6,0.4]T变化对情境三的影响

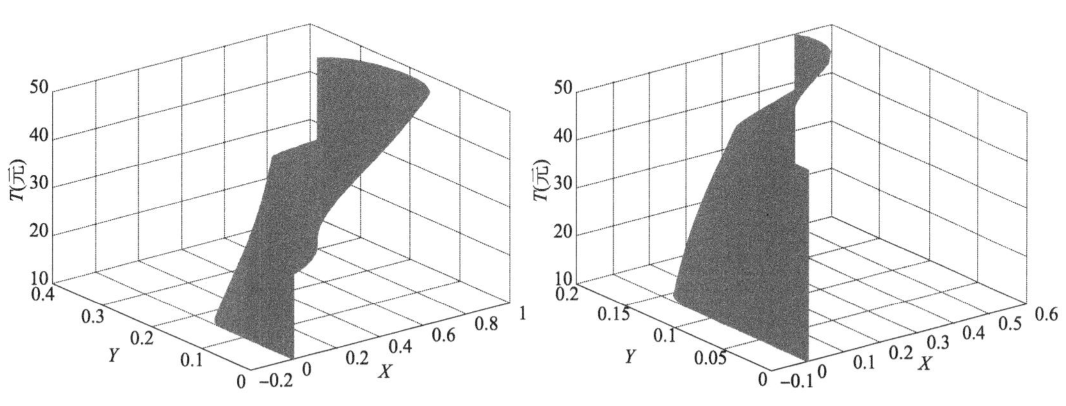

c)初始值取[0.8,0.3]T变化对情境三的影响

d)初始值取[0.5,0.2]T变化对情境三的影响

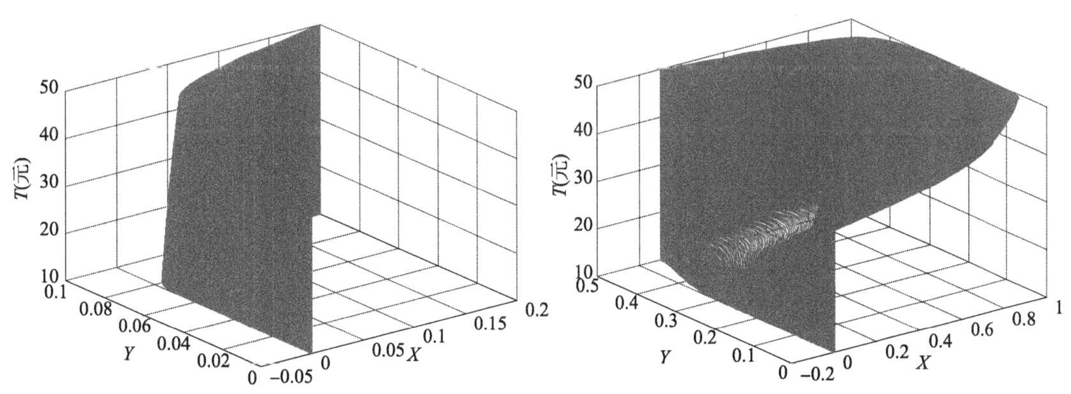

e)初始值取[0.2,0.1]T变化对情境三的影响

f)初始值取[0.1,0.5]T变化对情境三的影响

附图 3　当[x, y]取不同初始值时 T 的变化对情境三产生的影响

④ 运营收益 C 变化对情境一的影响。（附图 4）

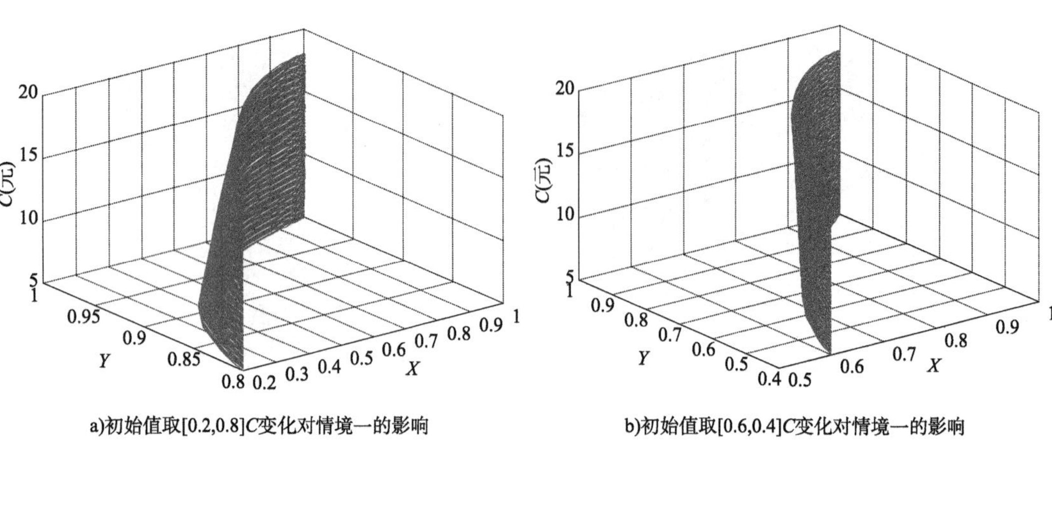

a)初始值取[0.2,0.8]C变化对情境一的影响　　b)初始值取[0.6,0.4]C变化对情境一的影响

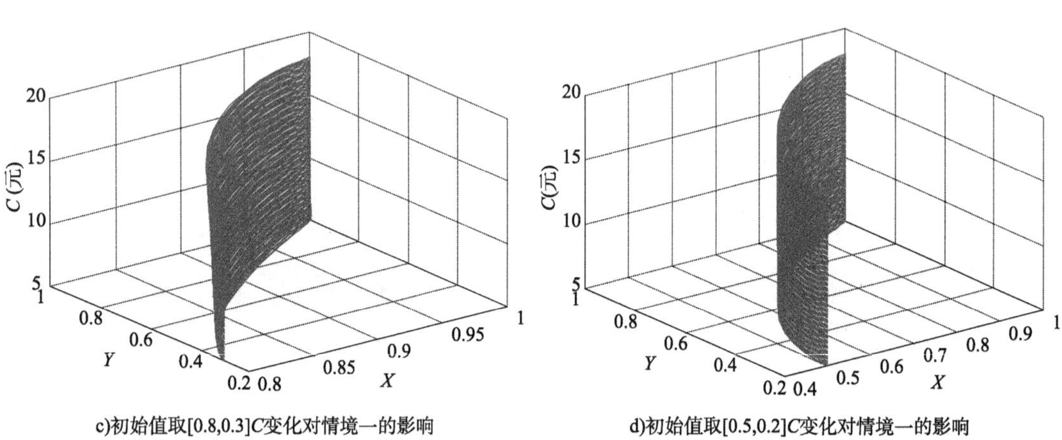

c)初始值取[0.8,0.3]C变化对情境一的影响　　d)初始值取[0.5,0.2]C变化对情境一的影响

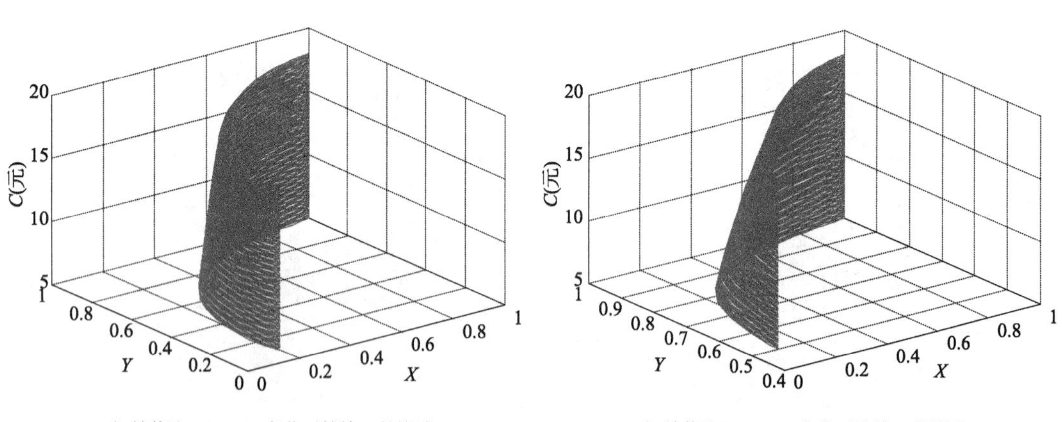

e)初始值取[0.2,0.1]C变化对情境一的影响　　f)初始值取[0.1,0.5]C变化对情境一的影响

附图 4　当[x, y]取不同初始值时 C 的变化对情境一产生的影响

⑤ 运营收益 C 变化对情境二的影响(附图5)。

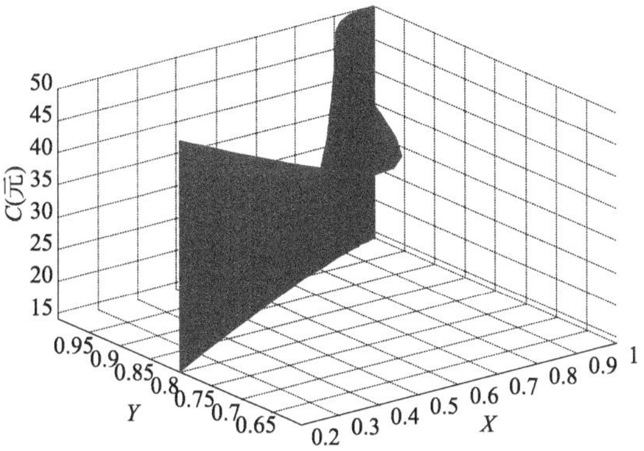

a)初始值取[0.2,0.8]C变化对情境二的影响

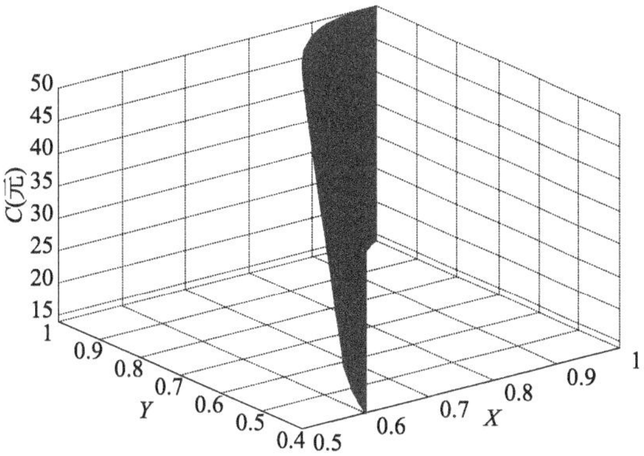

b)初始值取[0.6,0.4]C变化对情境二的影响

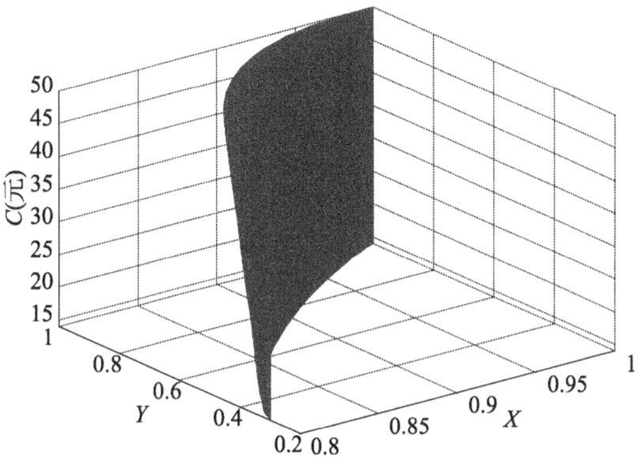

c)初始值取[0.8,0.3]C变化对情境二的影响

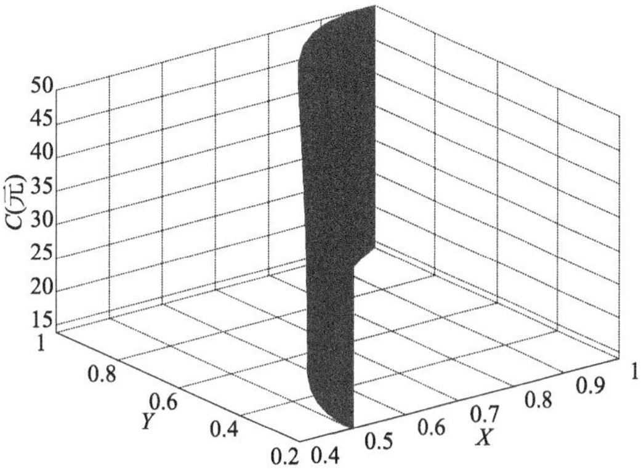

d)初始值取[0.5,0.2]C变化对情境二的影响

附图5　当$[x, y]$取不同初始值时 C 的变化对情境二产生的影响

⑥ 运营收益 C 变化对情境三的影响(附图6)。

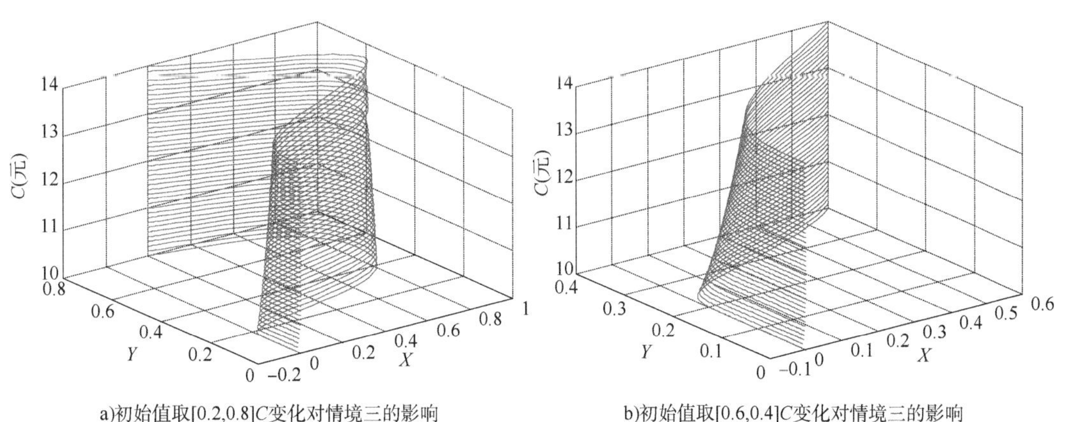

a)初始值取[0.2,0.8]C变化对情境三的影响

b)初始值取[0.6,0.4]C变化对情境三的影响

附图6

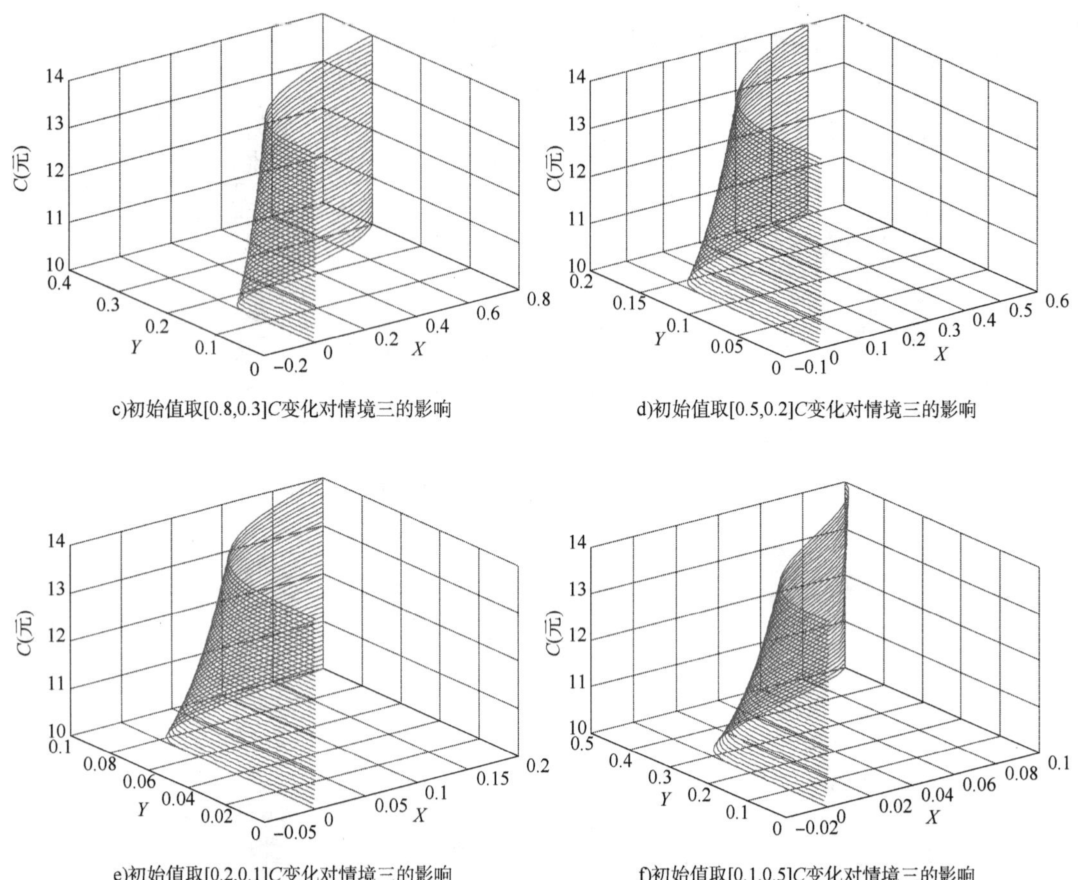

c)初始值取[0.8,0.3]C变化对情境三的影响

d)初始值取[0.5,0.2]C变化对情境三的影响

e)初始值取[0.2,0.1]C变化对情境三的影响

f)初始值取[0.1,0.5]C变化对情境三的影响

附图6　当$[x, y]$取不同初始值时 C 的变化对情境三产生的影响

参考文献

[1] 陈海秋. 中国出租车行业存在的问题研究[J]. 郑州航空工业管理学院学报,2009,27(2):15-20.

[2] 刘露露. 出租车罢运背后的垄断行为分析及对策[J]. 法制博览,2015,05(中):223-224.

[3] 陆锡明,刘明姝. 互联网时代出租汽车运营模式变革趋势[J]. 城市交通,2015,13(2):1-9.

[4] 钟华文. 出租车改革征求意见结束"专车"成争议焦点[J]. 全球商业经典,2015(12):32-36.

[5] http://www. mohurd. gov. cn/zxydt/201603/t20160322_226967. html.

[6] 冯雨芹. 基于交通流状态的城市道路燃油经济性模型研究[D]. 哈尔滨:哈尔滨工业大学学位论文,2011:15-27.

[7] Hu,X. B. ,Gao,S. ,Chiu,Y. C. et al. Modeling Routing Behavior for Vacant Taxi Cabs in Urban Traffic Networks[C]. In:Proceedings of the 91st Annual Meeting of the Transportation Research Board, 2012,Paper Number:12-36.

[8] Kitamura,R. ,Yoshii,T. Rationality and Heterogeneity in Taxi Driver Decisions:Application of a Stochastic – process Model of Taxi Behavior[C]. In:Mahmassani,H. (Ed.),Transportation and Traffic Theory:Flow,Dynamics and Human Interaction,2005:609-628.

[9] Michael von Massow,Mustafa S,Canbolat. Fareplay:An Examination of Taxicab Drivers' response to Dispatch Policy[J]. Expert Systems with Applications,2010(37):2451-2458.

[10] Ying Shi, Zhaotong Lian. Optimization and Strategic Behavior in a Passenger taxi Service System[J]. European Journal of Operational Research,2016,249(3),1024-1032.

[11] Flath,D. Taxicab regulation in Japan Journal of the Japanese and International Economies [J]. 2006(2):288-304.

[12] Skok,W. ,&Kobayashi,S. (2007a). An International Taxicab Evaluation:Comparing Tokyo with London,New york and Paris. Knowledge and Process Management,14(2),117-130.

[13] Chien,S. I. J. Y. ,&Tsai,C. F. M. (2007). Optimization of Fare Structure and Service Frequency for Maximum Profitability of Transit Systems. Transportation Planning and Technology,30(5),477-500.

[14] Kim,Y. – J. ,and H. Hwang. Incremental Discount Policy for Taxi Fare with Price – sensitive Demand. International Journal of Production Economics, Vol. 112 (2), 2008, pp. 895-902.

[15] Chang,S. – K. J. ,and C. – H. Chu. Taxi Vacancy Rate,Fare,and Subsidy with Maximum Social Willingness – to – Pay Under Log – Linear Demand Function. Transportation Research Record:Journal of the Transportation Research Board, No. 2111, Transportation Research Board of the National Academies,Washington,D. C. ,2009,pp. 90-99.

[16] Zoi Christoforou,Christina Milioti,Dionysia Perperidou,et al. Investigation of Taxi Travel Time Characteristics[J]. Advances in Transportation Studies,2012(27):17-30.

[17] Niels Agatz, Alan Erera, Martin Savelsbergh, et al. Optimization for Dynamic Ride – sharing:A Review[J]. European Journal of Operational Research,2012(223):295-303.

[18] Baoxiang Li,Dmitry Krushinsky,Hajo A. Reijers et al. The Share – a – Ride Problem:People and Parcels Sharing Taxis[J]. European Journal of Operational Research, 2014 (238): 31-40.

[19] Hadi Hosni,Joe Naoum – Sawaya, Hassan Artail. The Shared – taxi Problem:Formulation and Solution Methods[J]. Transportation Research Part B,2014(70):303-318.

[20] Horn,M. E. T. Fleet Scheduling and Dispatching for Demand – responsive Passenger Services [J]. Transportation Research Part C,2002(10):35-63.

[21] LeeDH,WangH,Cheu RL et al. Taxi Dispatch System Based on Current Demands and Real – time Traffic Conditions[J]. Transportation Research Record:Journal of the Transportation Research Board,2004(1882):193-200.

[22] Lee,K. T. ,Lin,D. J. ,Wu,P. J. Planning and Design of a Taxipooling Dispatching System [J]. Transportation Research Record:Journal of the Transportation Research Board,2005: 86-95.

[23] Seow,K. T. ,Dang,N. H. ,Lee,D. H. Towards an Automated Multi – agent Taxi – dispatch System[C]. Automation Science and Engineering, IEEE International Conference, 2007: 1045-1050.

[24] Li,X. ,Quadrifoglio,L. Feeder Transit Services:Choosing between Fixed and Demand Responsive Policy[J]. Transportation Research Part C,2010(18):770-780.

[25] Patricia Kristine Sheridan,Erich Gluck,Qi Guan et al. The Dynamic Nearest Neighbor Policy for the Multi – vehicle Pick – up and Delivery Problem[J]. Transportation Research Part A, 2013(49):178-194.

[26] Fang He,Zuo – Jun Max Shen. Modeling Taxi Services with Smartphone – based E – hailing Applications[J]. Transportation Research Part C:Emerging Technologies,2015,58:93-106.

[27] Michal Maciejewski,Joschka Bischoff. Large – scale Microscopic Simulation of Taxi Services [J]. Procedia Computer Science,2015,52:358-364.

[28] Conway A,Kamga C,Yazici A et al. Challenges in Managing Centralized Taxi Dispatching at High – volume Airports:a Case Study of John F. Kennedy International Airport[J]. Transportation Research Record: Journal of the Transportation Research Board, 2012 (2300): 83-90.

[29] Da Costa,D. C. T. ,de Neufville,R. Designing Efficient Taxi Pickup Operations at Airports [J]. Transportation Research Record:Journal of the Transportation Research Board,2012 (2300):91-99.

[30] Dan Wong,Douglas Baker. Improving US Airport Taxicab Services through Governance Arrangements[J]. Journal of Air Transport Management, 2014(40):126-131.

[31] Beesley M. E. ,Glaister S. Information for Regulating:the Case of Taxis[J]. Royal Economic Society,1983,93(371):594-615.

[32] Robert D. Cairns, Catherine Liston – Heyes. Competition and Regulation in the Taxi Industry [J]. Journal of Public Economics, 1996(59):1-15.

[33] Arnott, R. Taxi Travel should be Subsidized[J]. Journal of Urban Economics, 1996, 40(3): 316-333.

[34] Douglas, G. W. Price Regulation and Optimal Service Standards: The Taxicab Industry[J]. Journal of Transport Economics and Policy, 1972, 6(2):116-127.

[35] Beesley, M. Competition and Supply in London Taxis[J]. Journal of Transport Economics and Policy, 1979(13):102-131.

[36] Hackner, J., Nyberg, S. Deregulating Taxi Services: a Word of Caution[J]. Journal of Transport Economics and Policy, 1995(16):195-207.

[37] Tamer Çetin, Kadir Yasin Eryigit. Estimating the Effects of Entry Regulation in the Istanbul Taxicab Market[J]. Transportation Research Part A, 2011(45):476-484.

[38] Maya Bacache – Beauvallet, Lionel Janin. Taxicab License Value and Market Regulation [J]. Transport Policy, 2012(19):57-62.

[39] Tamer Cetin, Kadir Yasin Eryigit. The Economic Effects of Government Regulation: Evidence from the New York Taxicab Market[J]. Transport Policy, 2013(25):169-177.

[40] Marell, A., Westin, K. The Effects of Taxicab Deregulation in Rural Areas of Sweden[J]. Journal of Transport Geography, 2002(10):135-144.

[41] Barrett, S. D. Regulatory Capture, Property Rights and Taxi Deregulation: a Case Study[J]. Economic Affairs, 2003(23):34-40.

[42] Fernandez L. J. E., Joaquin de Cea Ch., Julio Briones M. A Diagrammatic Analysis of the Market for Cruising Taxis[J]. Transportation Research Part E, 2006(42):498-526.

[43] Schaller, B. Entry Controls in Taxi Regulation: Implications of US and Canadian Experience for Taxi Regulation and Deregulation[J]. Transport Policy, 2007(14):490-506.

[44] OECD. Taxi Services: Competition and Regulation. Policy Roundtables, Competition Law and Policy, 2007.

[45] Wong, K. I., Wong, S. C., Yang, H., et al. The Effect of Perceived Profitability on the Level of Taxi Service in Remote Areas[J]. J. East. Asia Soc. Transp. Stud, 2003(5):79-94.

[46] Wong, K. I., Wong, S. C., Bell, M. G. H, et al. Modeling the Bilateral Micro – searching Behavior for Urban Taxi Services Using the Absorbing Markov Chain Approach[J]. Journal of Advanced Transportation, 2005, 39(1):81-104.

[47] Sirisoma, R. M. N. T., Wong, S. C., Lam, W. H. K., et al. Empirical Evidence for Taxi Customer – search Model in Hong Kong[C]. In: Proceedings of the Institution of Civil Engineers, Transport, 2010(163):203-210.

[48] Wong, R. C. P., Szeto, W. Y., Wong, S. C., et al. Modeling Multi – period Customer – searching Behavior of Taxi Drivers[J]. Transportmetrica B: Transport Dynamics, 2013, 2(1):40-59.

[49] Szeto, W. Y., Wong, R. C. P., Wong, S. C., et al. A Time – dependent Logit – based Taxi

Customer – search Model[J]. INT J URB. SCI,2013(17):184-198.

[50] Wong,R. C. P. ,Szeto,W. Y. ,Wong,S. C. Sequential Logit Approach to Modeling the Customer – search Decisions of Taxi Drivers[C]. In:Proceedings of the Eastern Asia Society for Transportation Studies,2013:137-154.

[51] Wong, R. C. P. , Szeton, W. Y. , Wong, S. C. Bi – level Decisions of Vacant Taxi Drivers Traveling towards Taxi Stands in Customer – search: Modeling Methodology and Policy Implications[J]. Transport Policy,2014(33):73-81.

[52] Yang,H. ,Yang,T. Equilibrium Properties of Taxi Markets with Search Frictions[J]. Transportation Research Part B,2011(45):619-742.

[53] Wong,R. C. P. ,Szeto,W. Y. ,Wong,S. C. Behavior of Taxi Customers in Hailing Vacant Taxis:a Nested Logit Model for Policy Analysis[J]. Journal of Advanced Transportation, 2015,49(8):867-883.

[54] Hu Ji – hua,Huang Ze,Deng Juna. A Hierarchical Path Planning Method Using the Experience of Taxi Drivers[J]. Procedia – Social and Behavioral Sciences,2013,96:1898-1909.

[55] 慕晨,宣慧玉. 由出租车和乘客构成的特殊结构排队系统仿真[J]. 系统仿真学报, 2011,23(2):414-419.

[56] 张绍阳,焦红红,赵文义,等. 面向出行者的城市出租汽车服务水平评价体系及指标计算[J]. 中国公路学报,2013,26(5):148-157.

[57] 曹祎,罗霞. 打车软件背景下出租车运营平衡模型[J]. 长安大学学报(自然科学版), 2015,35(增刊):203-207.

[58] 刘彦蕊,张士运. 小型交通运输工具智能合乘计价方法探索:基于帕累托效率改进及最易转化实施原则[J]. 中南大学学报(自然科学版),2013,44(S1):382-385.

[59] 程杰,唐智慧,刘杰,等. 基于遗传算法的动态出租车合乘模型研究[J]. 武汉理工大学学报(交通科学与工程版),2013,37(1):187-191.

[60] 肖强,何瑞春,张薇,等. 基于模糊聚类和识别的出租车合乘算法研究[J]. 交通运输系统工程与信息,2014,14(5):119-125.

[61] 王一帆. 基于打车软件的出租车服务模式优化研究[J]. 上海:上海交通大学硕士学位论文,2014:1-10.

[62] 王家川. 北京市出租汽车智能召车分析及评价方法研究[J]. 交通运输系统工程与信息,2015,15(2):223-231.